U0949404

Series of Ecological and Environmental Protection for Three Gorges Project

三峡工程生态与环境保护丛书

吴国平　黄真理　主编

Coloratlas of Rare and Endangered Plant in the Three Gorges Reservoir Area

三峡库区珍稀濒危保护植物彩色图谱

吴金清　赵子恩　金义兴　著

中国水利水电出版社
China WaterPower Press

图书在版编目（CIP）数据

三峡库区珍稀濒危保护植物彩色图谱/吴金清，赵子恩，金义兴著.—北京：中国水利水电出版社，2009
（三峡工程生态与环境保护丛书）
ISBN 978-7-5084-4230-3

Ⅰ. 三… Ⅱ. ①吴… ②赵… ③金… Ⅲ. 三峡—珍稀植物—图谱 Ⅳ. Q948.527.19-64

中国版本图书馆CIP数据核字（2007）第017960号

三峡工程生态与环境保护丛书
三峡库区珍稀濒危保护植物彩色图谱
吴金清　赵子恩　金义兴　著
中国水利水电出版社出版、发行（北京市西城区三里河路6号　邮政编码100044　电话：（010）63202266（总机）、68367658（营销中心））
北京科水图书销售中心（零售）　电话：（010）88383994、63202643
全国各地新华书店和相关出版物销售网点经销
中国水利水电出版社装帧出版部制作
北京鑫丰华彩印有限公司印刷
184mm×260mm　16开　17.5印张　415千字
2009年1月第1版　2009年1月第1次印刷
印数：0001—3000册
定价：128.00 元

网址：www.waterpub.com.cn　E-mail：sales@waterpub.com.cn

序 一

三峡工程是举世瞩目的大型水利工程，是治理和开发长江的关键性骨干工程，具有防洪、发电、航运等巨大的综合效益。但与此同时，三峡工程将部分改变长江水文情势，又会对库区、长江中下游及河口地区的生态、环境乃至社会经济等方面产生不同程度的影响。党中央、国务院对三峡工程的生态与环境问题十分关心和重视，在三峡工程论证和可行性研究阶段，国家组织有关科研、设计单位作了大量的调查研究和科学试验，从自然环境、社会环境和公众关心的问题等不同角度对三峡工程的生态环境影响进行了科学论证，编制了《长江三峡水利枢纽环境影响报告书》。国家对于三峡工程生态环境保护工作非常重视，初步设计阶段，编制完成了初步设计报告（第十一篇，环境保护），在三峡工程枢纽工程概算中列出专项资金，专门用于三峡工程的生态环境保护工作。

自开工建设以来，三峡工程生态环境保护工作取得了很大成绩。在国务院三峡工程建设委员会办公室（以下简称国务院三峡办）组织协调和国家十几个相关部委以及地方政府等单位的大力支持下，长江三峡工程生态与环境监测系统于1996年建立，对以三峡库区为重点涉及上下游直至河口地区的三峡工程生态环境影响区域进行生态环境监测，内容涵盖了水文水质、污染源、鱼类及水生生物、陆生动植物、局地气候、农业生态环境、河口生态环境、人群健康、库区社会经济环境等诸多方面，该系统是目前国内唯一的跨地区、跨部门、跨学科、综合性和研究性的生态环境监测网络。三峡工程生态与环境监测系统运行8年多来，取得了大量宝贵的监测数据，基本形成了三峡水库蓄水前生态环境的本底资料。在国务院三峡办组织下，受三峡工程影响的珍稀水生和陆生动植物得到保护，或就地建立保护区，或实施迁地保护等多种手段，尽可能保护三峡库区及相关地区的生物多样性。与此同时，配合生态环境监测和保护区建设等，开展了一大批相关的科学研究工作，取得了丰富的研究成果，解决了三峡工程生态环境的诸多实际问题。

三峡工程凝聚了我国几代科技人员的心血。生态与环境问题亦不例外，参与三峡工程生态环境建设和研究的学者不计其数，硕果累累。在2003年三峡工程顺利实现蓄水、永久船闸通航和首批机组发电的二期阶段目标之后，国务院三峡办组织长期从事三峡工程生态与环境保护工作的专家学者，总结其多年来的研究成果，形成专著，以丛书形式出版。内容涉及三峡工程生态与环境监测、水污染控制、生物多样性保护、农业生态环境以及地质灾害等方面。该套丛书的出版对于从事三峡工程生态环境保护的工作者无疑是一种鼓舞，同时可以让公众进一步加深对三峡工程生态环境保护工作的了解，另外，丛书对于宣传我国政府在三峡工程生态环境保护方面所做的工作也是有益的。应该说明的是，呈现在大家面前的这套丛书仅仅反映了三峡工程生态环境保护工作的一个局部，大量成果还没有整理成专著，今后我们将继续组织这方面的工作，让更多、更好的成果问世。

三峡工程生态环境问题极为复杂。工程蓄水后，三峡工程生态环境问题才逐步显现，今后要进一步加强生态环境监测工作，加强相关科学研究工作，及时发现问题并提出可能的对策措施，使得三峡工程对于生态环境的影响减缓到最低程度。同时应该看到，三峡工程建设也为广大工程建设者和从事生态环境研究的专家学者提供了无比广阔的舞台、机遇和挑战。我相信，今后会有更多、更好的成果涌现出来，让我们共同期待。

国务院三峡工程建设委员会办公室副主任

高金榜

2004年7月29日

序 二

三峡工程凝聚了自孙中山先生以来，我国几代领导人和科技人员的心血。从提出规划、科学论证，到1993年正式开工建设、1997年大江截流、2003年完成初期蓄水发电，每一个环节都受到国际、国内的高度关注。无论褒贬，三峡工程已经开始并将在今后持续为我国的经济发展注入强大的动力。但是，由于该工程的建设，是在诸多生态与环境影响问题及其处置方式尚未取得一致意见的背景下上马的，针对性的监测与研究也一直没有停止过。我当时在中国科学院工作，领导并直接参与了有关的科学论证和专题研究。

1995年1月在北京京西宾馆通过论证的《三峡工程生态与环境监测系统（实施规划）》，是围绕三峡工程建设对生态与环境的不利影响所采取的重大对策之一。该系统涉及国家十几个相关部委及下属的几十家研究单位，与三峡工程的建设同步，从社会经济、水文气象、环境质量、生态保护等多个领域开展了长期和系统的监测研究，获得了大量数据资料，并通过实验示范，在生物多样性保护和生态农业等领域取得了良好的社会和环境效益。经国务院三峡工程建设委员会办公室水库管理司组织协调，有关研究人员将三峡工程施工以来多年的监测和研究成果进行了系统的总结，编撰出版了《三峡工程生态与环境保护丛书》。值此丛书出版之际，本人抚今追昔，感慨良多。

三峡工程对于生态与环境的影响不仅是全方位和多方面的，也是持久和深远的，没有长期的监测和相应的科学研究工作，恐怕难以回答工程对于生态与环境的影响程度。过去的争论说明，在一项国家重大工程正式上马前能有不同的意见和声音是十分正常的，对于科学发展和民主决策都具有积极意义。随着三峡水库初步形成，三峡工程对于生态环境的影响将逐步显现出来，作为科学工作者，不应该回避问题，而是要加强监测和研究，及时发现可能出现的问题，在科学研究的基础上提出相应的对策与措施。我相信，本丛书的出版将不仅有助于社会公众对三峡工程生态与环境问题的了解，而且将促进该领域研究的深入，能够起到继往开来的作用，故乐为之序。

中国科学院院士、国家自然科学基金委员会主任

陈宜瑜

2004年9月

前言

三峡工程是举世瞩目的跨世纪特大型水电工程，备受国内外有关人士关注。三峡工程的兴建对库区珍稀濒危保护植物会带来一定程度的影响，采取科学的保护措施，把三峡工程对库区珍稀濒危保护植物的影响减少到最低限度，是党和国家领导人与科技工作者达成的共识。

本书所指的三峡库区范围包括夷陵区、秭归县、兴山县、巴东县、巫山县、巫溪县、奉节县、云阳县、开县、万州区、忠县、石柱县、丰都县、武隆县、涪陵区、长寿区、渝北区、巴南区、重庆主城区、江津市等所辖的行政区域。三峡库区地理位置优越，气候适宜，生境类型多样，为珍稀濒危保护植物的生长与繁衍提供了得天独厚的自然条件，因此，三峡库区珍稀濒危保护植物种类丰富。三峡库区一直是中国科学院武汉植物研究所的重点研究区域之一，该单位几代科技工作者历经千辛万苦，深入到三峡库区实地考察珍稀濒危保护植物，积累了大量的相关原始调查资料，特别是近20年来，在三峡工程上马前开展工程对库区珍稀濒危保护植物影响程度调查与上马后进行库区珍稀濒危植物与特有植物保护性研究过程中，武汉植物研究所先后完成国务院三峡工程建设委员会、中国长江三峡工程开发总公司、国家自然科学基金委员会、中国科学院等单位的科研项目共计11个，对三峡库区珍稀濒危保护植物进行了大量的本底调查研究，拍摄了上千张珍稀濒危保护植物的照片，并在重要学术刊物上发表相关论文约20篇，获得了丰富的阶段性科研成果。

国家环境保护局和中国科学院植物研究所编写的《中国植物红皮书》（第一册）于1991年出版后，计划编写《中国植物红皮书》（第二册），拟定了“中国第二批珍稀濒危植物名录”，广泛征求广大植物工作者的意见，尚未正式公布与出版，但其植物名录出现在《华中珍稀濒危植物及其保存》（王诗云，1995）和《稀有濒危植物迁地保护的原理与方法》附录二“中国稀有濒危保护植物名录（2）”（许再富，1998）中。《国家重点保护野生植物名录》是由我国野生植物行政主管部门国家林业局和农业部共同组织编写的，共列植物419种和13类(指种以上分类等级)，约有1700种。保护级别分为一级和二级，其中一级重点保护植物67种和4类，二级重点保护植物352种和9类。由于国家林业局、农业部对《国家重点保护野生植物名录》所列物种的分管意见尚需协商，因此《国家重点保护野生植物名录》将分批上报国务院批准与公布。现经国务院批准公布的只是分管意见一致的《国家重点保护野生植物名录》(第一批)，共列植物246种和8类，其余物种多属经济价值较高、资源破坏严重的种类，待两部门协商分管意见一致后，将分批上报国务院批准公布。三峡库区珍稀濒危保护植物名录主要是依据以上文献资料确定的，共有国家级珍稀濒危保护植物288种（含栽培种，下同），作者还根据物种的科研价值、经济价值以及在三峡库区分布多寡程度，建议列为三峡库区珍稀濒危植物共计62种，因此，本书共收录了350种三峡库区珍稀濒危保护植物。

本书是根据作者大量实地调查获得的原始资料整理而成的，对三峡库区珍稀濒危保护植物的种中文名、种拉丁名、保护级别或濒危类别、形态特征、生境特点、地理分布、保护价值、工程影响、保护措施等内容逐一进行了介绍，而且每种植物还配有1～5幅不同生长期的彩色照片，特别还针对三峡工程的影响程度，提出了有效的保护措施。本书采用大量彩色照片，并配有适量的文字描述，图文并茂，通俗易懂。由于库区绝大部分移民受到自身文化水平不够高和植物专业知识匮乏等方面的约束，影响了他们对库区珍稀濒危保护植物物种的辨别与科研价值等方面的掌握，此书的出版将极大地增进库区干部、移民乃至国内外有关人士对三峡库区珍稀濒危保护植物有关情况的详细了解，提高人们对保护这些植物重要性的认识，也为三峡库区有关决策部门保护库区珍稀濒危植物提供了重要的参考依据，以便于制定更科学更有效的保护措施。

本书由吴金清、赵子恩、金义兴负责统稿与校稿，参加编写人员（按姓氏笔画排列）有：马晓业、王勇、厉恩华、叶其刚、许天全、向家云、吴金清、汪号、张守君、金义兴、赵子恩、黄升、黄汉东、殷小霞、樊明策等，郑重研究员对全稿进行了审阅。

全书共有413幅彩色图片，由吴金清、赵子恩、金义兴、彭辅松、宁祖林、晏焕成、林京、刘一檠、樊启玲等拍摄。

本书是在国务院三峡工程建设委员会水库管理司、中国科学院生命科学与生物技术局、资源环境和科学技术局的指导下完成的，也得到中国科学院武汉植物园领导的亲切关怀和同事们的大力帮助，黄真理副司长在书稿付印之前多次审阅全稿，严格把关，提出一些合理化的修改建议，在此一并致谢。

由于作者水平有限，在本书中可能还存在不少缺点和错误，敬请读者批评指正。

作 者

2007年10月

编写说明

从三峡库区350种（含栽培种，下同）珍稀濒危保护植物中选择了200种维管植物进行了重点描述，每个物种包含内容主要是：物种名称（中文名、中文别名、土名、俗名、拉丁名等）、濒危类别或保护级别、形态特征、生境特点、地理分布、保护价值、工程影响、保护措施，每种植物还配有1～5幅彩色照片，便于读者识别。限于篇幅，对余下的150种珍稀濒危保护植物仅按照濒危类别或保护级别、生活型、生境特点、地理分布等内容逐一列出（见附录1）。

植物中文名与拉丁名以《中国植物志》和《中国高等植物》为准，若二者名称不一致的，均选择《中国高等植物》出现的中文名与拉丁名，对《中国植物志》出现的中文名与拉丁名分别作为中文别名与拉丁异名处理，并附在相应植物的中文名与拉丁名后面，以供读者查阅与参考。在《中国植物志》各个卷册出版后发表的新种，因未收入《中国植物志》相应卷册，均作为新物种以发表在刊物上的植物名称为准。

濒危类别划分情况分为3类：第1类，以《中国植物红皮书》（第一册）为依据，其类别划分为濒危种、稀有种、渐危种。第2类，以《华中珍稀濒危植物及其保存》、《稀有濒危植物迁地保护的原理与方法》中出现的名录为依据，未按照濒危种、稀有种、渐危种进一步划分，本书统称为“拟公布的第二批国家级珍稀濒危植物”。第3类，虽未列入以上2类已出版的书籍，但作者根据物种科研价值、经济价值以及在三峡库区分布多寡程度，建议列为三峡库区珍稀濒危植物，本书统称为“建议列为三峡库区珍稀濒危植物”。

保护级别划分情况分为2类：第1类，以《国家重点保护野生植物名录》（第一批）为依据，其保护级别划分为一级、二级重点保护植物。第2类，以《国家重点保护野生植物名录》（征求意见稿，未正式公布，除第一批正式公布的保护植物名录外）为依据，其保护级别也划分为一级、二级重点保护植物，本书统称为“拟公布的国家一级重点保护植物” 或“拟公布的国家二级重点保护植物”。

生境特点：指三峡珍稀濒危保护植物在三峡库区分布的海拔高度和生长环境。

地理分布：包括三峡库区分布、中国分布、世界分布3个不同层次的分布地点，三峡库区分布地点一般到县级，中国分布一般到省级或地区（如华中地区），世界分布一般到国家或地区。有些在三峡库区湖北部分或重庆部分出现的物种，在其中国分布地点中却没有出现“湖北”或“重庆”，其主要原因是作者在已查阅的参考文献中未发现该物种在“湖北”或“重庆”有分布，可能是新分布或新记录物种，为了以示区别，作者也未将“湖北”或“重庆”添加到该物种的中国分布地名中去，特此说明。

三峡工程对库区珍稀濒危保护植物的影响大体上分为2类：第1类是直接影响：是指三峡水库建成蓄水后，水位上涨导致在库区海拔175m以下生长的珍稀濒危保护植物被淹没的影响；第2类是间接影响：是指由于三峡工程兴建而引起的城镇搬迁建设、道路修建与移民二次开发等给库区珍稀濒危保护植物带来的影响，主要在海拔800m以下地区；三峡库区有些珍稀濒危保护植物同时受到三峡工程的直接影响与间接影响。

在《中国植物红皮书》（第一册）和《国家重点保护野生植物名录》（第一批）中，由于依据的标准不同，它们之间相互交叉重叠，有些物种按照不同的标准可划在不同的类别中。若同时被《中国植物红皮书》（第一册）或《国家重点保护野生植物名录》（第一批）收录的，则以《国家重点保护野生植物名录》（第一批）为准。

本书先按照蕨类植物、裸子植物和被子植物分类编排，各类植物再按科排列，科的排列方式分别为：蕨类植物按秦仁昌分类系统（1978年）、裸子植物按郑万钧分类系统（1978年）、被子植物按恩格勒分类系统（1936年，单子叶植物移到双子叶植物后面）排列，同科内的物种均按其拉丁名称字母顺序排列。

目 录

一、蕨类植物 Pteridophyta

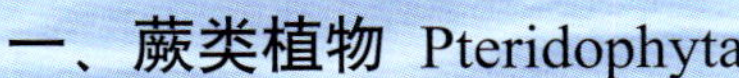

二、裸子植物 Gymnospermae

ABSTRACT

This book introduces 350 rare and endangered plant species in the Three Gorges Reservoir Area. The 200 rare and endangered plant species chosen from 350 species are briefly described in the endangered category or protection grade, morphological character, habitat characteristic, distribution range, protection value, and Three Gorges Project's effect degree, with 1-5 color photos for each species.The protection countermeasures of the rare and endangered plants are proposed according to their growth situation and the effect degree of the Three Gorges Project for them.

This book contains 413 plant color photos with proper description and is easy to understand, so it is a good reference for researchers in botany, teachers and students of colleges, flower lovers, herbalist, and environmental protection workers.

一、蕨类植物 Pteridophyta

蕨类植物又称羊齿植物，在系统演化上介于苔藓植物和种子植物之间，是一群进化水平最高的孢子植物。其主要特征如下：

1.孢子体有根、茎、叶的分化，内有维管组织

蕨类植物孢子体有根、茎、叶分化，内有维管组织。维管组织主要由木质部和韧皮部组成，木质部含有运输水分和无机盐的管胞或导管，韧皮部含有运输养料的筛胞或筛管。蕨类植物的维管组织由初生木质部和初生韧皮部所组成，是一种初级结构，它们按一定的方式聚集成中柱。

除极少数原始种类仅具有假根外，均生有吸收能力较好的不定根。茎通常为根状茎，少数为直立的地上茎。叶有小型叶和大型叶两类。小型叶没有叶隙和叶柄，只有1个单一不分枝的叶脉。大型叶有叶柄，维管束有或无叶隙，叶脉多分枝。仅进行光合作用的叶称营养叶；能产生孢子和孢子囊的叶称孢子叶或能育叶。有些蕨类的营养叶和孢子叶不分，而且形状相同，称同型叶；营养叶和孢子叶形状完全不相同的，称异型叶。在系统演化过程中，小型叶朝着大型叶，同型叶朝着异型叶的方向发展。

2.具有明显的世代交替现象，孢子体比配子体发达，均能独立生活

孢子萌发后直接形成配子体，配子体又称原叶体。原始类型的配子体呈辐射对称的块状或圆柱状体，全部或部分埋在土中，通过菌根作用取得营养。极大多数蕨类植物的配子体为绿色、具有背腹分化的叶状体，有假根和叶绿体，能独立生活，在腹面产生颈卵器和精子器，精子多鞭毛。在卷柏和水生蕨类等异孢种类中，配子体是在孢子内部发育的，已趋于失去独立性的方向发展。配子体产生精子和卵，在受精时不能脱离水环境。受精卵发育成胚，幼胚暂时寄生在配子体上，长大后配子体死亡，孢子体独立生活。除极少数种类外，孢子体占优势。

3.无性生殖产生孢子，有性生殖器官为精子器和颈

卵器

蕨类植物的孢子囊是孢子体上产生孢子的多细胞无性生殖器官，在小型叶蕨类中，是单生在孢子叶腋或叶基，孢子叶通常集生在枝的顶端，形成球状或穗状，称孢子叶球或称孢子叶穗。较进化的真蕨类(大型叶蕨类)，其孢子囊通常生在孢子叶背面、边缘或集生在一个特化的孢子叶上，往往由多数孢子囊集成群，称为孢子囊群或孢子囊堆。水生蕨类的孢子囊群生在特化的孢子果(或称孢子荚)内。多数蕨类产生的孢子大小相同，称同型孢子；而卷柏和少数水生蕨类的孢子有大小之分，称异型孢子。

蕨类植物的有性生殖器官为多细胞的颈卵器（雌性器官）和精子器（雄性器官），颈卵器的腹部埋入配子体组织中，内有1卵，颈部较短，颈沟细胞较少。精子器多为球形，精子均具鞭毛。

蕨类植物陆生、淡水生或附生，以热带和亚热带地区为其分布中心。全世界约有12000多种，中国有63科、231属、约2600种，三峡库区有41科、105属、473种。在三峡库区蕨类植物中，珍稀濒危保护植物有6科、6属、9种（含附录1中列出的物种）。

1.松叶蕨　（铁刷把）　图 1

Psilotum nudum (L.) Beauv.

濒危类别：拟公布的第二批国家级珍稀濒危植物。

隶属科属：松叶蕨科Psilotaceae、松叶蕨属 *Psilotum*。

形态特征：多年生附生草本，植株高达40cm。地下茎匍匐，圆柱形，褐色，二叉分枝；地上茎直立或下垂，无毛或鳞片，绿色，下部不分枝，上部多回二叉分枝；枝三棱形。叶散生，极小，无柄、无叶脉、无气孔，革质；叶2型：营养叶鳞片状三角形，长2～3mm，宽1.5～2.5mm，先端尖；孢子叶阔卵形，顶端二叉，长2～3mm，宽约2.5mm。孢子囊单生在孢子叶腋，球形，2瓣纵裂，常3个融合为三角形聚囊，直径约4mm，成熟时黄褐色，纵裂。孢子肾形。孢子期4～10月。

生境特点：生于海拔500～1180m石缝中或乔木主干上。

地理分布：巫山县、巫溪县、石柱县、武隆县、涪陵区、江北区、江津市等。陕西、江苏、安徽、浙江、江西、福建、台湾、湖南、广东、海南、广西、重庆、四川、贵州、云南等。全球热带、亚热带等。

保护价值：松叶蕨为最原始的蕨类，具有重要的科研价值。全草入药，具有补肾和舒筋活血等功效，主治风湿病等症。植物形体似松针，黄色孢子囊点缀“枝头”，黄绿相间，非常好看，可作观赏植物。

工程影响：受三峡工程间接影响程度较大。

保护措施：主要采取就地保护方式加以保护。

图 1

2.狭叶瓶尔小草 （一支箭　小青藤　蛇咬子） 图 2-1、图 2-2

Ophioglossum thermale Kom.

濒危类别：渐危种。

隶属科属：瓶尔小草科 Ophioglossaceae、瓶尔小草属 *Ophioglossum*。

形态特征：多年生草本，植株高达20cm。根状茎细短，直立，有一簇细长不分枝的肉质根。叶单生或2～3枚叶自茎基部生出，总叶柄长3～6cm，纤细，绿色或下部埋于土中，呈灰白色；叶2型：营养叶为单叶，无柄，长2～5cm，宽3～10mm，倒披针形、披针形或长圆倒披针形，基部渐狭，全缘，先端微尖或稍钝，或为圆头，草质，淡绿色；孢子叶长7～14cm，柄长5～7cm。孢子囊穗长2～3cm，狭线形，先端尖，由15～28对孢子囊组成。孢子圆形，灰白色，近于平滑。孢子期6月。

生境特点：生于海拔75～1200m山谷林下阴湿处。

地理分布：秭归县、兴山县、巴东县、长寿区等。黑龙江、吉林、辽宁、河北、内蒙古、陕西、江苏、江西、河南、湖北、重庆、四川、云南等。俄罗斯、朝鲜、日本等。

保护价值：瓶尔小草为厚囊蕨纲的小型成员，对研究蕨类系统发育和东亚蕨类植物区系有一定的科学价值。全草入药，具有清热解毒、消痈疽等功效，主治痈疽、犬伤、蛇伤等症。

工程影响：受三峡工程影响程度较大。

保护措施：对生长环境条件的适应性较差，常受人类生产活动、采挖药材及牲畜放牧践踏的影响，采取就地保护和迁地保护相结合的方式加以保护。

图 2-1

图 2-2

3.金毛狗　图 3

Cibotium barometz (L.) J. Sm.

保护级别：国家二级重点保护植物。

隶属科属：蚌壳蕨科Dicksoniaceae、金毛狗属*Cibotium*。

形态特征：多年生草本，植株高达300cm。根状茎粗大卧生，基部被有一大丛垫状的金黄色长茸毛，形如金毛狗头；顶端生出一丛大叶，棕褐色，叶柄长120cm；叶片革质，阔卵状三角形，长宽各1.2～1.8m，三回羽裂；末回裂片镰状披针形，长1～1.4cm，宽约3mm，尖头，边缘有浅锯齿，侧脉单一，或在不育裂片上为二叉。孢子囊群生于叶缘，位于小脉顶端，每裂片1～5对；囊群盖两瓣，形如蚌壳。孢子为三角形的四面体。孢子期10～12月。

生境特点：生于600～1250m山麓沟边或林下阴湿处酸性土上。

地理分布：夷陵区、秭归县、兴山县、巴东县、万州区、涪陵区、巴南区、江津市等。浙江、江西、福建、台湾、湖南、广东、海南、广西、四川、贵州、云南等。印度、缅甸、泰国、越南、日本、马来西亚、印度尼西亚等。

保护价值：根状茎入药，具有补肝肾、强腰膝、祛风湿等功效，可制成精美的工艺品。根状茎上的黄毛可作填充物。植物体呈灌木状，是酸性土指示植物和著名大型室内观赏蕨类。

工程影响：受三峡工程间接影响程度较大。

保护措施：主要采取就地保护方式加以保护。

图 3

4. 桫椤　图 4-1～图 4-4

Alsophila spinulosa (Wall. ex Hook.) R. M. Tryon

图 4-1

保护级别： 国家二级重点保护植物。

隶属科属： 桫椤科 Cyatheaceae、桫椤属 *Alsophila*。

形态特征： 树状蕨类植物，植株高达6m。叶顶生，叶片大，长矩圆形，纸质，长达3m，宽40～50cm，三回羽裂，羽片17～20对，互生，羽片矩圆形，长30～50cm，中部宽13～20cm；叶柄、叶轴、羽轴有疏刺；小羽片羽裂几达小羽轴；裂片披针形，短尖头，有疏锯齿；羽轴、小羽轴和中脉上面被粗硬毛，下面被灰白色小鳞片；叶脉分叉。孢子囊群生于小脉分叉凸起的囊托上，囊群盖近圆球形，膜质，包被囊群，成熟时裂开反折向中脉。孢子期4～8月。

生境特点： 生于海拔200～1600m山谷溪旁或疏林中。

地理分布： 涪陵区、长寿区、江津市等。江西、福建、台湾、广东、香港、海南、广西、重庆、四川、贵州、云南等。日本、越南、泰国、柬埔寨、缅甸、孟加拉国、锡金、不丹、尼泊尔、印度等。

保护价值： 桫椤是较古老的植物，对研究桫椤科系统发育等有一定的科学价值。树干内的白色髓心入药，具有祛风除湿、活血去瘀、清热止咳等功效。桫椤树干的茎干顶部聚生着密集硕大的叶子，犹如一把大的遮阳伞高高地挺立，可作观赏植物。

工程影响： 受三峡工程间接影响程度较大。

保护措施： 建立桫椤自然保护点，采取就地保护方式加以保护。

图 4-2

图 4-3

图 4-4

5.荷叶铁线蕨 （荷叶金钱草） 图 5-1～图 5-3

Adiantum reniforme L. var. sinense Y. X. Lin

图 5-1

濒危类别：濒危种。

隶属科属：铁线蕨科Adiantaceae、铁线蕨属*Adiantum*。

形态特征：多年生草本，植株高达20cm。单叶，簇生，叶柄长3～14cm，深栗色，基部有黄棕色披针形鳞片；叶片圆形或圆肾形，先端钝圆，基部深心形，形似荷叶，叶脉放射状，多回二叉分枝。叶片的边缘有圆钝齿，长孢子的叶片边缘反卷成假囊群盖而齿不明显。孢子囊群近圆形，位于叶片边缘，生在叶缘反折而成的囊群盖上，囊群盖肾形或半圆形。孢子期8～9月。

图 5-2

生境特点：生于海拔120～430m岩面薄土层上、石缝或草丛中。

地理分布：万州区、石柱县、武隆县、涪陵区等。重庆等。

保护价值：三峡库区特有植物，为铁线蕨科最原始的类型，与大西洋亚速尔群岛的肾叶铁线蕨（*Adianthum reniforme* L.）和非洲中南部的细辛铁线蕨［*Adianthum reniforme* L.var. *assarijolium*（Willd.） Sim.］同属一个种群，在研究植物区系等方面有重要的科学价值。全草入药，具有清热解毒、利尿通淋等功效；其植株形体别致优美，可供观赏。

工程影响：受三峡工程影响程度较大。

保护措施：采掘频繁，在万州区原产地建立自然保护点，武汉植物园、三峡植物园等迁地保护。

图 5-3

峡

二、裸子植物 Gymnospermae

裸子植物是一类保留着颈卵器，具有维管束，能产生种子的高等植物，它们在植物界中的地位，介于蕨类植物和被子植物之间。其主要特征如下：

1.孢子体发达

孢子体均为多年生木本植物，根系发达，主根强大。有长、短枝之分；网状中柱，并生型维管束，具形成层和次生生长；多数种类木质部只具管胞，极少数有导管；韧皮部无伴胞。叶多为针形、线形或鳞形，极少为阔叶；叶在长枝上螺旋状排列，短枝上簇生枝顶；叶常有气孔带。

2.配子体退化，具颈卵器构造

裸子植物的配子体完全寄生在孢子体上，除百岁兰属(*Welwitschia*)和买麻藤属(*Gnetum*)外，大多数裸子植物保留颈卵器。颈卵器结构简单，仅2～4个颈壁细胞、1个卵细胞和1个腹沟细胞，无颈沟细胞，比蕨类植物的颈卵器更为退化。

3.胚珠裸露

孢子叶聚集成球果状，称孢子叶球。孢子叶球单性，同株或异株；小孢子叶(雄蕊)聚生成小孢子叶球(雄球花)，每个小孢子叶下面生有小孢子囊(花粉囊)，囊内贮满小孢子(花粉粒)；大孢子叶(心皮)聚生成大孢子叶球(雌球花)，胚珠裸露，不被大孢子叶包被，大孢子叶常变态为羽状大孢子叶、珠领、珠鳞、套被和珠托。

4.传粉时花粉直达胚珠

裸子植物的珠孔能分泌液体，形成传粉滴，藉风力传播的花粉，接触传粉滴时，即被吸附，随传粉滴逐渐干涸，将花粉经珠孔直接吸入胚珠。进入胚珠的花粉先在珠心上方的贮粉室里停留一定的时间后才萌发，形成花粉管，进入胚囊，精子逸出与卵细胞受精。

5.具多胚现象

大多数裸子植物都具有多胚现象。由1个雌配子体上多个颈卵器的卵细胞同时受精形成多胚，称为简单多胚现象；由1个受精卵在发育过程中，分裂成几个胚，称裂生多胚现象。

6.产生种子

裸子植物的胚珠裸露，胚珠内颈卵器的卵细胞与精子受精后，受精卵发育成胚，胚囊的其他细胞发育成胚乳；珠被发育成种皮。裸子植物是以种子进行繁殖的。种子是携带营养的幼小孢子体。它以不定期的休眠方式度过不良的条件，选择合适的萌发时机，种子内的营养保证了幼苗早期的需要，其进化意义是十分明显的。

裸子植物陆生。全世界估计有17科、80属、840种，中国有11科、41属、约240种，其中有不少种类是第三纪的孑遗植物，或称“活化石”植物。三峡库区有9科、30属、88种。在三峡库区裸子植物中，珍稀濒危保护植物有7科、16属、25种（含附录1中列出的物种）。

裸子植物

6.苏铁　（铁树）　图 6-1～图 6-3

Cycas revoluta Thunb.

保护级别：国家一级重点保护植物。

隶属科属：苏铁科Cycadaceae、苏铁属*Cycas*。

形态特征：常绿小乔木，植株高达3m。茎顶端密被厚绒毛。叶40～100枚或更多，一回羽裂，长0.7～1.4m，宽20～25cm，羽片呈V形伸展；叶柄长10～20cm，具刺6～18对；羽片直或近镰刀状，革质，长10～20cm，宽4～7mm，边缘强裂反卷，横断面呈V字形。雌雄异株；雄球花卵状圆柱形，长30～60cm；小孢子叶窄楔形，长3.5～6cm，先端圆状截形，具短尖头；大孢子叶长15～24cm，密被灰黄色绒毛，不育顶片卵形或窄卵形，边缘深裂，裂片每侧10～17枚，钻状。种子2～5粒，桔红色，倒卵状或长圆状，长4～5cm。花期5～7月，种子期9～10月。

图 6-1

生境特点：栽培于三峡库区低海拔地区庭院或寺庙内。

地理分布：夷陵区、秭归县、兴山县、巴东县等栽培。野生植株见于福建东部、日本西南诸岛，全国、全球广为栽培。

保护价值：叶、种子入药，具有收敛止咳和止血等功效，主治痢疾等症。茎含淀粉，种子含油和淀粉，微有毒，可供食用。又是盆景制作、园林观赏的理想树种。

工程影响：受三峡工程影响程度较大。

保护措施：苏铁始花期株龄较长，雌雄异株，常有雌雄异熟现象，在自然条件下传粉效果差、结实率很低。对未淹没的较大栽培植株加强管护，人工繁殖。

图 6-2

图 6-3

7.四川苏铁 （凤尾苏铁） 图 7

Cycas szechuanensis Cheng et L. K. Fu

保护级别：国家一级重点保护植物。

隶属科属：苏铁科Cycadaceae、苏铁属*Cycas*。

形态特征：常绿小乔木，植株高达5m。叶60～90枚，一回羽裂，长2～3.5m，宽45～75cm；叶柄长50～150cm，具刺40～50对，羽片稍镰刀状，厚革质，长25～39cm，宽10～15mm，边缘平或微反曲，两面中脉明显隆起；鳞叶先端柔软。雌雄异株；雄球花纺锤状圆柱形，长约25cm；小孢子叶楔形，长2～3cm，宽0.8～1.2cm；大孢子叶长14～23cm，被黄褐色绒毛，不育顶片宽倒卵形或近圆形，长6～11cm，宽5～9cm，顶端近圆形，裂片深裂，钻形，每侧8～13枚，长2～6cm，顶生的钻状，稍短于侧裂片。种子2～6粒，淡黄色，近球状或倒卵状，长2.5～3cm。花期4～6月，种子期10～11月。

生境特点：栽培于三峡库区低山或平坝地区庭院或寺庙内。

地理分布：三峡库区重庆部分市（县、区）栽培。福建、广西、重庆、四川等野生或栽培。

保护价值：茎干粗壮，树皮如鳞甲，叶如棕榈，形态奇特多姿，为优美的庭院观赏树种。

工程影响：受三峡工程影响程度较大。

保护措施：四川苏铁在自然界中与其它植物的竞争往往处于劣势，对未淹没的较大栽培植株加强管护，人工繁殖。

图 7

图 8

8.宽叶苏铁　（云南苏铁）　图 8

Cycas tonkinensis (L. Linden et Rodigas) L. Linden et Rodigas

—— *Cycas siamensis* Mig. 中国植物志 7:11. 1978.

保护级别： 国家一级重点保护植物。

隶属科属： 苏铁科Cycadaceae、苏铁属 *Cycas*。

形态特征： 常绿小乔木，植株高达2m。茎具宿存叶痕。叶5～20枚，一回羽裂，长1.5～3m，宽40～60cm；叶柄长30～90cm，初呈绿色，横断面近圆形，具疏刺10～25对，羽片坚纸质或薄革质，长20～38cm，宽15～25mm，基部近对称，常骤缩成一短柄，几不下延，边缘常波状。雌雄异株；雄球花窄纺锤状圆柱形，长15～25cm；小孢子叶宽楔形，长1.4～1.7cm；宽0.7～1cm，先端具短尖或钝圆；大孢子叶5～15枚，排列常较疏松，长9～13cm，不育顶片宽卵形，近心形或倒卵形，裂片每侧7～12枚，钻状，长2～3.5cm；胚珠3～6枚，无毛。种子2～4粒，黄色，倒卵状，长1.8～2.7cm。花期3～5月，种子期9～11月。

生境特点： 栽培于三峡库区低海拔地区庭院或寺庙内。

地理分布： 丰都市等栽培。广西、云南等野生，重庆等栽培。越南、老挝、泰国、缅甸等。

保护价值： 髓富含淀粉，供食用。树形奇特，叶片苍翠，可作园林观赏树种。

工程影响： 受三峡工程影响程度较大。

保护措施： 对未淹没的较大栽培植株加强管护，人工繁殖。

图 9-1

图 9-2

图 9-3

9.银杏 （白果、公孙树） 图 9-1～图 9-3

Ginkgo biloba L.

保护级别：国家一级重点保护植物。

隶属科属：银杏科Ginkgoaceae、银杏属*Ginkgo*。

形态特征：落叶大乔木，植株高达40m。枝条分长枝与短枝。叶扇形，具长柄，上部宽5～8cm；在长枝上常2裂，基部宽楔形，在1年生长枝上螺旋状散生；在短枝上具波状缺刻，3～8枚叶簇生。雌雄异株；雄球花4～6个生于短枝顶端叶腋或苞腋，长圆形，下垂，淡黄色；雌球花数个生于短枝叶丛中，淡绿色，具长梗，梗端常分2叉，每叉顶生1个盘状珠座，每珠座生1枚胚珠。种子椭圆形、倒卵圆形或近球形，长2～3.5cm，成熟时黄或橙黄色，外被白粉。花期3～4月，种子期9～10月。

生境特点：主要栽培于三峡库区海拔1500m以下山坡、村旁、寺庙或庭院等。

地理分布：秭归县、兴山县、巴东县、巫山县、巫溪县、奉节县、万州区、涪陵区、江津市等栽培。野生植株仅见于浙江西天目山，全国各地广泛栽培。朝鲜、日本、欧美等栽培。

保护价值：银杏为银杏科惟一现存的物种，具有许多原始性状，对研究裸子植物系统发育、古植物区系等具有重要的科学价值。种子作干果。根、树皮、叶、种子入药，叶具有敛肺平喘、活血止痛的功效，种子有小毒，具有润肺、定喘、涩精、止带的功效。木材是珍贵的建筑、家具用材。叶形奇特而古雅，对烟尘和CO_2有特强的抵抗能力，为优良的抗污染观赏树种。

工程影响：受三峡工程影响程度较大。

保护措施：对未淹没的古大树木采用围栏等方法，以减少人、畜破坏，防治病虫害，适量繁殖银杏幼苗。

图 10-1

图 10-2

图 10-3

10.秦岭冷杉　图 10-1～图 10-3

Abies chensiensis Van Tiegh.

保护级别：国家二级重点保护植物。

隶属科属：松科Pinaceae、冷杉属*Abies*。

形态特征：常绿大乔木，植株高达40m。1年生枝淡灰黄或淡褐黄色，2～3年生枝淡黄灰或灰色。叶线形，长1.5～5cm，上面深绿色，下面具2条灰绿色气孔带，果枝的叶先端尖或钝，具2个中生或近中生的树脂道；营养枝及幼树上的叶排成2列，先端2裂或微凹，树脂道边生。雌雄同株；雄球花单生叶腋，长椭圆形或圆柱形，下垂；雌球花卵圆形或长圆形，直立。球果成熟时褐色，圆柱形或卵状圆柱形，长7～11cm，中部种鳞肾形，苞鳞不露出。种子倒三角状椭圆形，长约8mm，种翅上端宽约1cm。花期5～6月，种子期10～11月。

生境特点：生于海拔2300～2800m山坡林中。

地理分布：兴山县、巴东县、巫溪县等。陕西、甘肃、河南、湖北等。

保护价值：秦岭冷杉树干通直、木材松软、纹理通直、易加工、富含冷杉胶，是优良的用材和林化产品资源树种，可作较高海拔地区造林树种和园林绿化树种。

工程影响：受三峡工程间接影响程度较小。

保护措施：多数植株常不结实，但有隔年结实现象，种子易遭鼠类啮食，天然更新能力较差。应加强保护，开展繁殖引种工作。

11.银杉 （杉公子） 图 11-1～图 11-3

Cathaya argyrophylla Chun et Kuang

保护级别：国家一级重点保护植物。

隶属科属：松科Pinaceae、银杉属*Cathaya*。

形态特征：常绿乔木，植株高达24m。叶在枝节间散生，在枝端排列较密，线形，长4～6cm，宽2.5～3mm，上面中脉凹下，下面中脉2侧具粉白色气孔带。雌雄同株；雄球花常单生于2年生枝叶腋，花粉具气囊；雌球花单生当年生枝下部至基部的叶腋，苞鳞卵状三角形，具尾状长尖，珠鳞基部具2枚倒生胚珠。球果次年成熟，长卵圆形或卵圆形，长3～5cm，成熟时栗色或暗褐色，苞鳞短，不露出。种子卵圆形。花期5～6月，种子期次年10月。

生境特点：生于海拔1600～1800m山脊或帽状石山顶部针阔叶林中。

地理分布：武隆县等。湖南、广西、重庆、四川、贵州等。

保护价值：银杉为古老的残遗植物，对研究松科植物系统发育、古植物区系、古地理及第四纪冰期气候等均具有较重要的科学价值。木材供建筑、家具等用。树势如苍虬，壮丽可观，可作观赏植物。

工程影响：受三峡工程间接影响程度较小。

保护措施：结实率低，自然发芽差。在库区建立银杉自然保护点进行就地保护，人工繁殖幼苗。

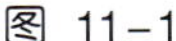

图 11-1

图 11-2

图 11-3

12.铁坚油杉 （青岩油杉、铁坚杉） 图 12-1、图 12-2

Keteleeria davidiana (Bertr.) Beissn.

濒危类别：建议列为三峡库区珍稀濒危植物。

隶属科属：松科Pinaceae、油杉属*Keteleeria*。

形态特征：常绿大乔木，植株高达50m。1年生枝淡黄灰、淡黄或淡灰色，2～3年生枝灰或淡褐灰色。叶线形，长2～5cm，宽3～4mm，先端圆钝或微凹，下面淡绿色，中脉2侧各有10～16条气孔线，微被白粉。球果圆柱形，长8～21cm，直径3.5～6cm；中部种鳞卵形或近斜方状卵形，上部圆或窄长而反曲，边缘外曲，有细齿，背面露出部分无毛或疏生短毛。花期4月，种子期10月。

生境特点：生于海拔500～1500m山坡针阔叶林中。

地理分布：夷陵区、秭归县、兴山县、巴东县等。陕西、甘肃、湖北、湖南、广西、重庆、四川、贵州、云南等。

保护价值：木材淡黄褐色，硬度中等，为优良用材树。种子含油率50%，供工业用。可作园林观赏树种。

工程影响：受三峡工程间接影响程度较大。

保护措施：多呈零星散生或小块状生长，严禁采伐，保护好母树及生境，促进天然更新，积极进行育苗、造林。

图 12-1

图 12-2

13.麦吊云杉（麦吊杉、麦吊子、糠麦片、垂枝云杉、泡杉） 图 13-1～图 13-3

Picea brachytyla (Franch.) Pritz.

濒危类别：渐危种。

隶属科属：松科Pinaceae、云杉属*Picea*。

形态特征：常绿乔木，植株高达30m。1年生枝淡黄或淡褐黄色，基部宿存芽鳞紧贴小枝，不向外开展。叶条形，扁平，长1～2.2cm，宽1～1.5mm，先端尖或微尖，上面具2条白粉气孔带，各具5～7条气孔线，下面无气孔线，绿色。雌雄同株；雄球花单生叶腋；雌球花单生枝顶。球果长圆状圆柱形或圆柱形，长6～12cm，成熟时褐或微带紫色；中部种鳞倒卵形或斜方状倒卵形。种子连翅长约1.2cm。花期4～5月，种子期9～10月。

生境特点：生于海拔1000～2800m半阴或林中。

地理分布：秭归县、兴山县、巴东县、巫山县、巫溪县等。陕西、甘肃、河南、湖北、重庆、四川等。

保护价值：麦吊云杉材质优良，为制乐器、建筑、家具、器具等良材，又是造林的优良树种。

工程影响：受三峡工程间接影响程度较小。

保护措施：现无大面积纯林，多呈零星散生成小块状。残存母树结实稀少，天然更新困难，保护好母树及生境，积极进行育苗、造林，建立种子园。

图 13-1

图 13-2

图 13-3

图 14-2　图 14-3

图 14-4

图 14-1

14.大果青扦[1]　图 14-1～图 14-4

Picea neoveitchii Mast.

保护级别： 国家二级重点保护植物。

隶属科属： 松科Pinaceae、云杉属*Picea*。

形态特征： 常绿乔木，植株高达20m。1年生枝淡黄、淡黄褐或微带褐色，无毛，基部宿存芽鳞不反曲。叶四棱状条形，两侧扁，常弯曲，长1.5～2.5cm，宽约2mm，先端锐尖，4面具气孔线，上2面各具5～7条，下2面各具4条。雌雄同株；雄球花单生叶腋；雌球花单生枝顶。球果长圆状圆柱形或卵状圆柱形，长8～14cm，直径5～6.5cm，常两端渐窄，成熟时淡褐或褐色；中部种鳞宽倒卵状五边形或斜方状卵形。种子倒卵圆形，长5～6mm。花期5月，种子期9～10月。

生境特点： 多生于海拔1300～2200m山坡针阔混交林中。

地理分布： 兴山县、巴东县等。陕西、甘肃、河南、湖北等。

保护价值： 大果青扦种鳞宽大，极为特殊，对研究云杉属（*Picea*）系统分类等具有重要的科学价值。树干通直、木材优良，为建筑、家具等良材，可作造林树种。树形整齐，叶较细密，为优良园林绿化树种。

工程影响： 受三峡工程间接影响程度较小。

保护措施： 呈星散分布，林木稀少，禁止采伐，促进母树结实和自然更新，积极开展育苗、造林。

[1] 《中国树木志》（第一卷）等书将“扦”写成“杄”。

15. 金钱松　图 15-1～图 15-4

Pseudolarix amabilis (Nelson) Rehd.

图 15-1

保护级别： 国家二级重点保护植物。

隶属科属： 松科Pinaceae、金钱松属*Pseudolarix*。

形态特征： 落叶大乔木，植株高达60m。枝分长枝和短枝。叶在长枝上螺旋状，散生；在短枝上呈簇生状，辐射平展成圆盘形，秋后金黄色，线形，长2～5.5cm，宽1.5～4mm，下面中脉明显，每侧具5～14条气孔线。雌雄同株；雄球花簇生于短枝顶端，圆柱状，下垂，雄蕊多数；雌球花单生短枝顶端，椭圆形，直立，苞鳞大，珠鳞小，腹面基部具2枚倒生胚珠。球果卵圆形，直立，长6～7.5cm，种鳞木质，成熟时脱落。种子卵圆形，上部具宽大的种翅，基部具种翅包裹。花期4月，种子期9～10月。

生境特点： 生于海拔300～2300m山坡针阔叶林中。

地理分布： 夷陵区、兴山县、巴东县、万州区、武隆县等。江苏、安徽、浙江、江西、福建、河南、湖北、湖南、重庆等。

保护价值： 金钱松是我国特有的单种属植物，对研究松科系统发育具有一定的科学价值。树皮提栲胶，也作造纸原料。种子榨油，根皮与近根基树皮入药，具有止痒杀虫的功效。木材纹理直，耐水湿，为建筑、船舶等优良用材，是优良造林树种。树干通直，冠形优美，入秋叶色转为金色，叶短枝上簇生，呈圆形，如钱状，十分壮观，是著名的庭院观赏树种。

工程影响： 受三峡工程间接影响程度较大。

保护措施： 零星分布，个体稀少，结实有明显的间歇期，采取就地保护和迁地保护相结合的方式加以保护。

图 15-2

图 15-3

图 15-4

图 16-1

图 16-2

图 16-3

图 16-4

16.黄杉 （杉木） 图 16-1～图 16-4

Pseudotsuga sinensis Dode

保护级别：国家二级重点保护植物。

隶属科属：松科Pinaceae、黄杉属*Pseudotsuga*。

形态特征：常绿乔木，植株高达50m。叶条形，长2～2.5cm，宽约2mm，先端钝圆，具凹缺，上面绿色或淡绿色，下面具2条白粉气孔带。雌雄同株；雄球花单生叶腋；雌球花单生侧枝顶端。球果卵圆形或椭圆状卵形，长4.5～8cm；中部种鳞近扇形或扇状斜方形，苞鳞露出，先端3裂。种子三角状卵圆形，长约9mm。花期4月，种子期10～11月。

生境特点：生于海拔800～1800m山坡针阔叶林中。

地理分布：奉节县、万州区、武隆县等。陕西、安徽、浙江、江西、福建、湖北、湖南、广西、重庆、四川、贵州、云南等。

保护价值：黄杉为我国特有植物，对研究黄杉属（*Pseudotsuga*）分类、分布具有一定的科学价值。树干端直，材质坚韧，纹理细致，富有弹性，是制家具、船舶等用材，可作造林树种。树姿优美，可作风景林绿化树种。

工程影响：受三峡工程间接影响程度较小。

保护措施：呈零星或小块状分布，严禁乱砍滥伐，保护好现存林木，采种育苗，扩大种植，建立种子园。

17.铁杉 （南方铁杉） 图 17-1～图 17-3

Tsuga chinensis (Franch.) Pritz.

图 17-1

濒危类别：建议列为三峡库区珍稀濒危植物。

隶属科属：松科Pinaceae、铁杉属*Tsuga*。

形态特征：常绿乔木，植株高达50m。叶线形，排成2列，长1.2～2.7cm，宽2～3mm，先端钝圆，有凹缺，常全缘，上面光绿色，下面淡绿色，气孔带灰绿色。雌雄同株；雄球花单生叶腋；雌球花单生侧枝顶端。球果卵圆形或长卵圆形，下垂，长1.5～2.5cm，直径1.2～1.6cm；中部种鳞五边状卵形、近方形或近圆形，长0.9～1.2cm，宽0.8～1.1cm，边缘微内曲，背面露出部分无毛，有光泽。种子连翅长7～9mm。花期4月，种子期10月。

生境特点：生于海拔1000～2800m山坡林中。

地理分布：夷陵区、兴山县、巴东县等。陕西、甘肃、安徽、浙江、江西、福建、河南、湖北、湖南、广东、广西、四川、贵州、云南等。

保护价值：铁杉木材硬度适中，耐久用，可供建筑、木纤维工业等用。树皮含单宁。亦为森林更新和荒山造林的主要树种。

工程影响：受三峡工程间接影响程度较小。

保护措施：分布海拔较高，采取就地保护方式加以保护，建立种子园。

图 17-2

图 17-3

18.水杉 图 18-1～图 18-3

Metasequoia glyptostroboides Hu et Cheng

保护级别：国家一级重点保护植物。

隶属科属：杉科Taxodiaceae、水杉属*Metasequoia*。

形态特征：落叶大乔木，植株高达50m。叶、芽鳞、雄球花、雄蕊、珠鳞与种鳞均交互对生。叶线形，质软，在侧枝上排成羽状，长0.8～3.5cm，上面中脉凹下，下面沿中脉2侧各具4～8条气孔线。雌雄同株；雄球花在枝条顶部的花序轴上交互对生及顶生，排成总状或圆锥状花序，长15～25cm，雄蕊约20枚；雌球花单生侧生小枝顶端。球果下垂，近球形，张开后微具四棱，长1.6～2.5cm。种子扁平，周围具窄翅。花期4～5月，种子期10～11月。

生境特点：生于海拔800～1500m山谷或山麓土层深厚、湿润的地方，多为栽培。

地理分布：石柱县等野生，夷陵区、秭归县、兴山县、巴东县、万州区、涪陵区、江津市等栽培。野生水杉见于湖北利川市、重庆石柱县、湖南龙山县和桑植县等，国内外广泛栽培。

图 18-1

保护价值：水杉素有“活化石”之称，对该地区古植物、裸子植物系统发育的研究均具有重要的科学价值。叶入药，具有止痛的功效，主治肿毒痈疮等症。树形优美，树干高大通直，生长快，是绿化的优良树种，也是速生用材树种。

工程影响：野生植株受三峡工程间接影响程度较小。

保护措施：野生植株较少，栽培植株较多。在库区建立种子园，加强野生母树的管理，加速育苗造林。

图 18-2

图 18-3

图 19-1

图 19-2

图 19-3

图 19-4

19.台湾杉 （秃杉） 图 19-1～图 19-4

Taiwania cryptomerioides Hayata

—*Taiwania flousiana* Gaussen 中国植物志 7：290．1978．

保护级别：国家二级重点保护植物。

隶属科属：杉科Taxodiaceae、台湾杉属*Taiwania*。

形态特征：常绿大乔木，植株高达75m。叶螺旋状排列，基部下延，老树叶鳞状锥形，长2～3mm，密生，上弯，先端尖或钝，横切面四棱形，4面均具气孔线；幼树或萌芽枝叶锥形，长0.6～1.5cm，弯镰状，先端锐尖，两侧扁平。雌雄同株；雄球花数个簇生枝顶，卵形；雌球花单生枝顶，直立，珠鳞螺旋状排列，具2枚胚珠，苞鳞退化。球果椭圆形或短圆柱形，长1.5～2.2cm，褐色，种鳞扁平。种子长椭圆形或长椭圆状倒卵形，扁平，2侧具窄翅。花期4～5月，种子期10～11月。

生境特点：栽培于海拔1600m山坡常绿落叶阔叶混交林中。

地理分布：夷陵区等栽培。台湾、湖北、四川、贵州、云南等。缅甸等。

保护价值：台湾杉为古老的孑遗植物，对研究古植物区系和杉科植物系统发育等具有重要的科学价值。材质优良，生长迅速，既为用材树种，又为重要的庭院观赏树种。

工程影响：受三峡工程间接影响程度较小。

保护措施：栽培在库区海拔较高的山区，采取就地保护方式加以保护。

20.福建柏 （沱杉、建柏、杜柴、杜树、滇柏） 图 20-1～图 20-4

Fokienia hodginsii (Dunn) Henry et Thomas

保护级别：国家二级重点保护植物。

隶属科属：柏科 Cupressaceae、福建柏属 *Fokienia*。

形态特征：常绿乔木，植株高达30m。鳞叶2型，交叉对生，明显成节，成龄树小枝叶先端钝尖或微急尖，中央叶较两侧叶稍宽或等宽，两侧叶较中央叶稍长或近等长，光端稍内曲；小枝下面中央叶及两侧叶下面具粉白色气孔带。雌雄同株，球花单生枝顶；雄球花近球形，长约4mm；雌球花具6～8对珠鳞。球果近球形，直径2～2.5cm，成熟时褐色；种鳞木质，盾形，发育种鳞具2枚种子。种子卵圆形，长约4mm，上部具2个大小不等的薄翅。花期3～4月，种子期次年10～11月。

图 20-1

生境特点：生于海拔900～1600m山坡林中。

地理分布：江津市等。陕西、浙江、江西、福建、湖南、广东、广西、重庆、四川、贵州、云南等。越南、老挝等。

保护价值：福建柏为单种属植物，在研究柏科植物系统发育方面具有一定的科学价值。心材入药，具有理气止痛、止呕的功效。木材轻软，有弹性，纹理直，结构细，加工易等特点，为优良的建筑、雕刻等用材。材质优良，生长快，可作造林树种。

工程影响：受三峡工程间接影响程度较小。

保护措施：分布范围狭窄，仅在局部山地稀疏分布，应保护好现存母树，开展育种育苗，大力营造人工林。

图 20-2

图 20-3

图 20-4

21.三尖杉（绿背三尖杉、狗尾松、三尖松） 图 21

Cephalotaxus fortunei Hook. f.

濒危类别：建议列为三峡库区珍稀濒危植物。

隶属科属：三尖杉科 Cephalotaxaceae、三尖杉属 *Cephalotaxus*。

形态特征：常绿乔木，植株高达20m。叶排成2列，披针状线形，常微弯，长4～13cm，宽3.5～4.5mm，上部渐窄，先端有渐尖的长尖头，基部楔形或宽楔形，上面深绿色，中脉隆起，下面气孔带白色，较绿色边带宽3～5倍。雄球花8～10朵聚生成头状，直径约1cm，总花梗粗，常长5～8mm，每一雄球花有6～16枚雄蕊，花药3个，花丝短；雌球花的胚珠3～8枚发育成种子。种子椭圆状卵形或近圆形，长约2.5cm，假种皮成熟时紫或紫红色。花期4月，种子期8～10月。

生境特点：生于海拔200～2000m山坡林中。

地理分布：夷陵区、秭归县、兴山县、巴东县等。陕西、甘肃、安徽、浙江、江西、福建、河南、湖北、湖南、广东、广西、重庆、四川、贵州、云南等。

保护价值：枝、叶、种子等入药，枝、叶主治恶性肿瘤等症，种子主治蛔虫病、钩虫病、食积等症。

工程影响：受三峡工程间接影响程度较大。

保护措施：采取迁地保护和就地保护相结合的方式加以保护。

图 21

图 22-1

图 22-2

图 22-3

22. 篦子三尖杉 （梳叶圆头杉、扁柏、山枝杉、篦子杉） 图 22-1～图 22-3

Cephalotaxus oliveri Mast.

保护级别： 国家二级重点保护植物。

隶属科属： 三尖杉科 Cephalotaxaceae、三尖杉属 *Cephalotaxus*。

形态特征： 常绿小乔木或灌木，植株高达4m。叶线形，质硬，螺旋状着生，平展成2列，排列紧密，常中部以上向上微弯，长1.7～2.5cm，宽3～4.5mm，基部心状截形，几无柄，先端凸尖或微凸尖，上面微拱圆，中脉不明显或稍隆起，或中下部较明显，下面气孔带白色，较绿色边带宽1～2倍。雌雄异株；雄球花6～7个聚生成头状花序，每一雄球花基部具1枚宽卵形的苞片，雄蕊6～10枚；雌球花的胚珠常1～2枚发育成种子。种子倒卵圆形、卵圆形或近球形，长约2.7cm，直径约1.8cm。花期3～4月，种子期 8 ～10月。

生境特点： 生于海拔300～1800m山坡阔叶林或针叶林中。

地理分布： 夷陵区、秭归县、兴山县、巴东县、巫山县、巫溪县、奉节县、忠县、武隆县等。江西、湖北、湖南、广东、广西、重庆、四川、贵州、云南等。越南等。

保护价值： 篦子三尖杉是古老的孑遗植物，在三尖杉属（*Cephalotaxus*）中分类地位较为特殊，对研究古植物区系和三尖杉属系统分类具有重要的科学价值。种子含油，供制油漆、肥皂等用；入药有润肺、止咳、消积等功效，成熟种子可鲜食；根、枝、叶、种子可提取三尖杉碱等，治疗白血病、淋巴肉瘤等症。木材坚韧，富有弹性，可供挑杠、农具等用。叶排列整齐、紧密，篦齿状，引人喜爱，可作庭园绿化树种。

工程影响： 受三峡工程间接影响程度较大。

保护措施： 雌雄异株，结实少，个体数量日趋减少。保护好母树及其生境，积极进行人工繁殖与栽培。

23.粗榧 （中国粗榧） 图 23

Cephalotaxus sinensis (Rehd. et Wils.) Li

濒危类别：建议列为三峡库区珍稀濒危植物。

隶属科属：三尖杉科 Cephalotaxaceae、三尖杉属 *Cephalotaxus*。

形态特征：常绿小乔木或灌木，植株高达15m。叶线形，排列成2列，质地较厚，长2～5cm，宽约3mm，基部近圆形，几无柄，上部通常与中下部等宽或微窄，先端通常渐尖或微急尖，上面中脉明显，下面有2条白色气孔带，较绿色边带宽2～4倍，叶肉中有星状石细胞。雄球花6～7个聚生成头状，直径约6mm，梗长约3mm；雄球花卵圆形，基部有1枚苞片，雄蕊4～11枚，花丝短，花药2～4个。种子常2～5枚，卵圆形、椭圆状卵圆形或近球形，长1.8～2.5cm，花期3～4月，种子期8～10月。

生境特点：多生于海拔200～2000m山坡林中。

地理分布：兴山县、巴东县等。陕西、甘肃、江苏、安徽、浙江、江西、福建、河南、湖北、湖南、广东、广西、重庆、四川、贵州等。

保护价值：种子等入药，具有驱虫、消积、抗癌等功效，主治蛔虫病、钩虫病、食积等症。树皮可提栲胶，材质优良，树形苍劲，可作用材和观赏树种。

工程影响：受三峡工程间接影响程度较大。

保护措施：采取迁地保护和就地保护相结合的方式加以保护。

图 23

24.穗花杉　图 24-1～图 24-4

Amentotaxus argotaenia (Hance) Pilger

濒危类别： 渐危种。

隶属科属： 红豆杉科Taxaceae 、穗花杉属*Amentotaxus*。

形态特征： 常绿小乔木，植株高达7m。叶条状披针形，交互对生，基部扭转成2列，长3～11cm，宽6～11mm，基部楔形或宽楔形，下面白色气孔线与绿色边带等宽或较窄。雌雄异株；雄球花1～3穗集生，长5～6.5cm，雄蕊2～5枚；雌球花单生于新枝上的苞片腋部或叶腋，近圆球形，有长梗，胚珠单生。种子椭圆形，下垂，长2～2.5cm，成熟时假种皮鲜红色。花期4月，种子期10月。

生境特点： 生于海拔300～1500m山坡阔叶林中。

地理分布： 兴山县、巴东县、巫山县、巫溪县、奉节县、石柱县、武隆县、江津市等。甘肃、浙江、江西、福建、湖北、湖南、广东、香港、广西、重庆、四川、贵州、西藏等。

图 24-1

保护价值： 穗花杉对研究红豆杉科分类具有一定的科学价值。枝、叶入药，煎水外洗治湿疹。种子含油率达50%，制肥皂和入药。木材细致，做细木工、器具等用材。树形秀丽，种子秋后成熟时假种皮呈红色，为优美的庭院观赏树种。

工程影响： 受三峡工程间接影响程度较大。

保护措施： 生长缓慢，种子有休眠期，易遭鼠害，天然更新能力较弱，保护好母树。

图 24-2

图 24-3

图 24-4

25. 红豆杉 图 25-1～图 25-3

Taxus wallichiana Zucc. var. *chinensis* (Pilger) Florin

—*Taxus chinensis* (Pilger) Rehd. 中国植物志 7：442.1978.

保护级别：国家一级重点保护植物。

图 25-1

隶属科属：红豆杉科Taxaceae、红豆杉属*Taxus*。

形态特征：常绿乔木，植株高达20m。叶排列成2列，线形，长1～3cm，宽2～4mm，上部微渐窄，先端微急尖或急尖，基部微斜，具2条气孔带，中脉带与气孔带同色，密生均匀、微小的乳头状突起点。雌雄异株，球花单生叶腋；雄球花淡黄色，雄蕊8～14枚；雌球花几无梗，胚珠单生于总花轴上部侧生短轴顶端的苞腋，基部托以圆盘状珠托。种子生于肉质杯状的假种皮中，卵圆形，微扁，长约5mm，成熟时假种皮红色。花期4～5月，种子期10月。

生境特点：生于海拔800～1850m山坡针阔林中。

地理分布：夷陵区、秭归县、兴山县、巴东县、巫山县、巫溪县、奉节县、万州区、忠县、石柱县、武隆县、江津市等。陕西、甘肃、安徽、湖北、湖南、广西、重庆、四川、贵州、云南等。

保护价值：种子含油率达67%，供制肥皂及润滑油，入药具有驱蛔虫、消积食的功效。树皮和树叶含紫杉醇，具有抗肿瘤的功效。木材可供制车辆、家具等用；木材水湿不腐，为水利工程的优良用材；木屑可提取染料。可作城市园林绿化树种。

工程影响：受三峡工程间接影响程度较小。

保护措施：红豆杉生长缓慢，自然更新困难，建议在库区建立红豆杉自然保护点。

图 25-2

图 25-3

26.南方红豆杉　图 26-1～图 26-4

Taxus wallichiana Zucc.var. *mairei* (Lemée et Lévl.) L. K. Fu et N. Li
——*Taxus chinensis* (Pilger) Rehd. var. *mairei* (Lemée et Lévl.) Cheng et L. K. Fu
中国植物志 7：443.1978.

保护级别：国家一级重点保护植物。

隶属科属：红豆杉科Taxaceae、红豆杉属*Taxus*。

形态特征：常绿乔木，植株高达30m。叶排成2列，披针状，常呈弯镰状，常长2～3.5cm，宽3～4mm，上部渐窄或微窄，先端常渐尖，边缘不反卷，下面中脉带的色泽与气孔带不同，其上无角质乳头状突起点。雌雄异株，球花单生叶腋；雌球花的胚珠单生，基部托以圆盘状珠托。种子生于肉质杯状的假种皮中，倒卵圆形，微扁，长约5mm，成熟时假种皮红色。花期4～5月，种子期10月。

图 26-1

生境特点：多生于海拔650～1200m山坡林中。

地理分布：巴东县、巫山县、巫溪县、奉节县、万州区、忠县、石柱县、武隆县、江津市等。陕西、甘肃、安徽、浙江、江西、福建、台湾、河南、湖北、湖南、广东、广西、重庆、四川、贵州、云南等。印度、缅甸、马来西亚、印度尼西亚、菲律宾等。

保护价值：种子可榨油，树皮含单宁。叶入药，具有清热解毒的功效，主治喉蛾等症；种子入药，具有驱虫的功效，主治食积、蛔虫病等症。枝叶常绿，树形优美，可作园林绿化树种、优良用材树种。

工程影响：受三峡工程间接影响程度较大。

保护措施：药用价值较高，材质好，严禁砍伐，加强繁育工作，扩大栽培。

图 26-2

图 26-3

图 26-4

图 27-1

图 27-2

图 27-3

图 27-4

27.巴山榧树　图 27-1～图 27-4

Torreya fargesii Franch.

保护级别：国家二级重点保护植物。

隶属科属：红豆杉科Taxaceae、榧树属*Torreya*。

形态特征：常绿乔木，植株高达12m。叶交互对生，排列成2列，线形，稀线状披针形，长1.3～3cm，宽2～3mm，先端微凸尖或微渐尖，具刺状短尖头，基部微偏斜，宽楔形，上面无明显中脉，具2条较明显的凹槽，延伸不达中部以上，下面气孔带较中脉带为窄，绿色边带较宽，约为气孔带的1倍。雌雄异株；雄球花单生叶腋，椭圆形或圆柱形，具短梗；雌球花无梗，2个成对生于叶腋。种子卵圆形、球形或宽椭圆形，长约2cm，花期4～5月，种子期次年9～10月。

生境特点：生于海拔1000～1800m山坡针阔叶林中。

地理分布：夷陵区、兴山县、巴东县、巫山县、巫溪县、奉节县等。陕西、甘肃、湖北、湖南、重庆、四川等。

保护价值：巴山榧树是我国特有树种，对研究东亚—北美植物区系具有一定的科学价值。种子药用，亦为可口食品。种子可榨油，供食用或润滑油。木材坚硬、致密，可作家具、农具、建筑用材，亦可作园林及行道树。

工程影响：受三峡工程间接影响程度较小。

保护措施：成年植株越来越少，严禁砍伐，促进天然更新，人工繁殖，育苗造林。

三、被子植物 Angiospermae

被子植物是植物界最高级的一个大类群。下面列举的被子植物的5个进化特征，是与裸子植物相比较而得出的，至于能产生种子、精子靠花粉管传送、有胚乳等种子植物共有的进化特征，就不在此赘述了。

1.具有真正的花

典型的被子植物的花由花萼、花冠、雄蕊群、雌蕊群4个部分组成。各部分称为花部。被子植物花的各部在数量上、形态上有极其多样的变化，这些变化是在进化过程中，适应于虫媒、鸟媒或水媒等各种传粉的条件，被自然界选择，得到保留，并不断加强造成的。

2.具雌蕊

雌蕊由心皮组成，包括子房、花柱和柱头3部分。胚珠包藏在子房内，得到子房的保护，避免了昆虫的咬噬和水分的丧失。子房在受精后发育成果实。果实上具有不同的色、香、味，多种开裂方式；果皮上常具有各种钩、刺、翅、毛。果实的所有这些特点，对于保护种子成熟，帮助种子散布起着重要作用，它们的进化意义也是不言而喻的。

3.具有双受精现象

双受精现象，即2个精细胞进入胚囊以后，1个与卵细胞结合形成合子，另1个与2个极核结合，形成3n的染色体，发育为胚乳，幼胚以3n染色体的胚乳为营养，使新植物体内矛盾增大，因而具有更强的生活力。所有被子植物都有双受精现象，是它们有共同祖先的一个证据。

4.孢子体高度发达和进一步分化

被子植物的孢子体在生活史中占绝对优势，从形态、结构、生活型等方面，都比其他各类群更加完善化、多样化。从生活型来看，有水生、砂生、石生和盐碱生的植物；有自养的植物，也有附生、腐生和寄生的植物；有乔木、灌木、藤本植物，也有一年生、二年生、多年生的草本植物。在形态上，一般有合轴式的分枝以及大而阔的叶片。在解剖结构上，输导组织的木质部中有导管，韧皮部有筛管和伴胞，由于输导组织的完善，使体内的水分和营养物质运输畅通无阻，而且机械支持能力加强，能够供应和支持总面积大得多的叶子，增强光合作用的效能。

5.配子体进一步退化(简化)

被子植物的小孢子(单核花粉粒)发育为雄配子体，大部分成熟的雄配子体仅具有2个细胞(2核花粉粒)，其中1个为营养细胞，1个为生殖细胞，少数植物在传粉前生殖细胞就分裂1次，产生2个精子，所以这类植物的雄配子体为3核花粉粒。被子植物的大孢子发育为成熟的雌配子体称为胚囊，通常胚囊只有7个细胞8个核：3个反足细胞、2个极核、2个助细胞、1个卵。反足细胞是原叶体营养部分的残余。有的植物反足细胞可多达300余个，有的植物在胚囊成熟时，反足细胞消失。助细胞和卵合称卵器，是颈卵器的残余。由此可见，被子植物的雌、雄配子体均无独立生活能力，终生寄生在孢子体上，结构上比裸子植物更简化。配子体的简化在生物学上具有进化的意义。

被子植物自新生代以来，它们在陆地上占有绝对优势。现知全世界被子植物共有10000多属，约250000种，我国有2700多属，约25000种。三峡库区有161科、1298属、5600种。在三峡库区被子植物中，珍稀濒危保护植物有71科、192属、316种（含附录1中列出的物种，下同），其中双子叶植物有65科、134属、168种，单子叶植物有6科、58属、148种。

28.裸蒴　图 28

Gymnotheca chinensis Decne.

濒危类别：建议列为三峡库区珍稀濒危植物。

隶属科属：三白草科Saururaceae、裸蒴属*Gymnotheca*。

形态特征：多年生匍匐草本，植株长达65cm。叶纸质，肾状心形，长3～6.5cm，宽4～7.5cm，顶端阔短尖或圆形，基部具2耳，基出脉5～7条；叶柄与叶片近等长；托叶膜质，与叶柄边缘合生，长1.5～2cm，基部扩大抱茎。花序单生，长3.5～6.5cm；花序轴压扁，两侧具阔棱或几成翅状；苞片倒披针形，长约3mm；有时最下的1枚略大而近舌状；花药长圆形，纵裂，花丝与花药近等长或稍长，基部较宽；子房长倒卵形，花柱线形，外卷。蒴果纺锤形。花期4～11月。

生境特点：生于海拔500～800m山坡路旁或沟边潮湿处。

地理分布：夷陵区等。湖北、湖南、广东、广西、云南、贵州、重庆、四川等。

保护价值：全草入药，具有消积、解毒、排脓的功效，主治跌打等症。

工程影响：受三峡工程间接影响程度较大。

保护措施：保护生境，采取就地保护方式加以保护。

图 28

29.狭叶金粟兰（小四块瓦）　图 29

Chloranthus angustifolius Oliv.

濒危类别：拟公布的第二批国家级珍稀濒危植物。

隶属科属：金粟兰科 Chloranthaceae、金粟兰属 *Chloranthus*。

形态特征：多年生草本，植株高达45cm。茎单生或数个丛生，下部节上对生2枚鳞叶。叶对生，8～10枚，纸质，窄披针形或窄椭圆形，长5～11cm，宽1.5～3cm，先端渐尖，基部楔形，具锯腺齿，近基部全缘，侧脉4～6对；叶柄长0.7～1cm；鳞叶三角形，膜质，托叶线形或钻形。穗状花序单一，顶生，长5～8cm，花序梗长约1cm；苞片宽卵形或近半圆形，全缘；花白色；雄蕊3枚，药隔线形，长4～6m；子房倒卵形，绿色，无花柱。核果倒卵圆形或近球形，长约2.5mm，近无柄。花期3－4月，果期4～5月。

生境特点：生于海拔150～1200m山坡林下或岩石下阴湿地。

地理分布：夷陵区、秭归县、兴山县、巴东县、巫山县、奉节县等。湖北、重庆、四川等。

保护价值：根状茎、全草入药，根状茎主治劳伤等症，全草具有祛风湿、通经络等功效。

工程影响：受三峡工程影响程度较大。

保护措施：保护生境，避免过度采挖，采取迁地保护和就地保护相结合方式加以保护。

图 29

30.华南金粟兰 （四川金粟兰） 图 30

Chloranthus sessilifolius K. F. Wu

濒危类别：拟公布的第二批国家级珍稀濒危植物。

隶属科属：金粟兰科Chloranthaceae、金粟兰属*Chloranthus*。

形态特征：多年生草本，植株高达70cm。茎单生或数个丛生，下部节上对生2枚鳞叶。叶对生，常4枚聚生茎顶，椭圆形或倒卵形，长12～20cm，先端尾尖长约2cm，基部楔形，具腺齿，中脉及侧脉密被鳞毛，侧脉6～8对；无叶柄；鳞叶三角形，膜质，长0.7～1.3cm；托叶小，线形。穗状花序顶生，2～4个分枝下垂；花序梗长6～15cm；苞片宽倒卵形，长约1.5mm，边缘具细齿；花白色；雄蕊3枚，药隔长2～3mm；子房卵形，长约2mm，无花柱，柱头截平，边缘具齿突。核果近球形，褐色，直径约2.5mm，果柄短。花期3～4月，果期6～7月。

生境特点：生于海拔500～1200m山坡林下阴湿处或林缘草丛中。

地理分布：云阳县等。江西、福建、湖北、湖南、广东、广西、重庆、四川、贵州等。

保护价值：全草入药，有微毒，具祛瘀活血、消炎解毒等功效，常用于治疗跌打损伤、瘀血肿痛、风湿痛等症。

工程影响：受三峡工程间接影响程度较大。

保护措施：保护生境，避免过度采挖，就地保护。

图 30

图 31-1

图 31-2

31. 胡桃 （核桃） 图 31-1、图 31-2

Juglans regia L.

保护级别： 国家二级重点保护植物。

隶属科属： 胡桃科 Juglandaceae、胡桃属 *Juglans*。

形态特征： 落叶乔木，植株高达25m。奇数羽状复叶长25～30cm，叶柄及叶轴幼时被腺毛及腺鳞；小叶5～9枚，椭圆状卵形或长椭圆形，长6～15cm，全缘，先端钝圆或短尖，基部歪斜、近圆，侧脉11～15对，脉腋具簇生柔毛，侧生小叶具极短柄或近无柄，顶生小叶柄长3～6cm。雄葇荑花序下垂，长5～10cm；雄花苞片、小苞片及花被片均被腺毛；雄蕊6～30枚，花药无毛；雌穗状花序具1～3朵花。果序短，俯垂，具1～3个果实；核果近球形，直径4～6cm无毛；果核稍皱曲，具2条纵棱，顶端具短尖头；隔膜较薄。花期4～5月，果期9～10月。

生境特点： 常栽培于海拔400～1800m村旁等。

地理分布： 夷陵区、秭归县、兴山县、巴东县、涪陵区、巫山县等栽培。野生植株仅见于新疆天山西部，东北、华北、西北、华中、华南、华东等栽培。中亚、南亚等。

保护价值： 胡桃是第三纪残遗植物，对研究古代植物区系的变迁等具有重要的科学价值。叶、种仁、种隔、外果皮入药，种仁具有补肾固精、敛肺定喘的功效。种仁富含油脂，可生食或榨油食用。木材坚实，是著名的木本油料、干果、用材树种。

工程影响： 受三峡工程间接影响程度较大。

保护措施： 栽培范围较广，零星生长在库区村旁、田边。保护母树，扩大繁殖。

图 32-1

图 32-2

图 32-3

图 32-4

32.华榛 （山白果、榛子） 图 32-1～图 32-4

Corylus chinensis Franch.

濒危类别：渐危种。

隶属科属：桦木科Betulaceae、榛属*Corylus*。

形态特征：落叶乔木，植株高达40m。叶卵形、卵状椭圆形或倒卵状椭圆形，长8～18cm，先端骤尖或短尾状，基部斜心形，具不规则重锯齿，下面脉腋具髯毛；叶柄长1～2.5cm，密被长柔毛及刺状腺体。雄花序4～6朵花簇生；苞片被柔毛；雌花序2～6朵花成头状。果苞管状，长2～6cm，具多数纵肋，疏被柔毛及刺状腺体，在坚果以上缢缩，裂片线形，顶端分叉；坚果内藏，卵球形。花期4～5月，果期9～10月。

生境特点：生于海拔900～2800m山坡阔叶林中。

地理分布：夷陵区、秭归县、兴山县、巴东县、巫溪县、武隆县等。陕西、甘肃、河南、湖北、湖南、重庆、四川、贵州、云南、西藏等。

保护价值：种仁入药，具有补脾润肺、和中等功效；种仁可食，含淀粉，味美，可制糕点；种仁含油丰富，榨油供食用或制肥皂、化妆品。木材质地坚硬，树干端直，为建筑的良材。树皮、果壳提栲胶，壳斗、树皮、叶提单宁。材质优良，生长较快，为造林树种。

工程影响：受三峡工程间接影响程度较小。

保护措施：残存植株较稀少，果实为兽类喜食，天然更新十分困难，在库区建立华榛自然保护点就地保护。

33. 台湾水青冈　图 33-1～图 33-3

Fagus hayatae Palib. ex Hayata

保护级别： 国家二级重点保护植物。

所属科属： 壳斗科Fagaceae、水青冈属*Fagus*。

形态特征： 落叶乔木，植株高达25m。叶菱状卵形或卵形，长3.5～7cm，宽2～3.5cm，先端渐尖，基部宽楔形或近圆形，两侧稍不对称，具锯齿，侧脉6～8对，直达齿端；叶柄长4～7mm。壳斗长0.7～1cm，4瓣裂，壳斗小苞片线形，长2～3mm，下弯，总梗长约1cm，直伸，被绒毛；花单性同株；雄花头状；雌花1～2朵生总苞内。坚果与裂瓣等长或稍长，果伸出壳斗，棱脊有窄翅。花期4～5月，果期8～10月。

生境特点： 生于海拔1300～1500m山坡疏林中。

地理分布： 兴山县等。浙江、台湾、湖北、湖南、重庆、四川等。

保护价值： 木材硬重，供制家具、地板、胶合板等用。

工程影响： 受三峡工程间接影响程度较小。

保护措施： 由于森林过度砍伐，分布面积日益缩小，资源锐减，应采种、育苗、栽植。

图 33-1

图 33-2

图 33-3

34.青檀（翼朴、青壳榔树）图 34

Pteroceltis tatarinowii Maxim.

濒危类别：稀有种。

隶属科属：榆科 Ulmaceae、青檀属 *Pteroceltis*。

形态特征：落叶乔木，植株高达20m。叶互生，纸质，宽卵形或长卵形，长3～10cm，先端渐尖或尾尖，基部楔形、圆形或平截，锯齿不整齐。花单性，雌雄同株；雄花数朵簇生于当年生枝下部叶腋；花被5深裂，雄蕊5枚，花丝直伸，花药顶端具毛；雌花单生于1年生枝上部叶腋；花被4深裂，裂片披针形，子房侧扁，花柱短，柱头2个，线形。翅状坚果近圆形或近四方形，宽1～1.7cm，翅宽厚，顶端凹缺；果柄纤细，长1～2cm。花期3～5月，果期8～10月。

生境特点：生于海拔120～900m石灰岩沟谷疏林中、河岸或村旁。

地理分布：夷陵区、秭归县、兴山县、巴东县、巫山县、巫溪县、江津市等。辽宁、河北、山西、陕西、甘肃、青海、山东、江苏、安徽、浙江、江西、福建、河南、湖北、湖南、广东、广西、重庆、四川、贵州等。

保护价值：青檀为我国特有的单种属植物，在研究榆科系统发育上具有一定的科学价值。茎、叶入药，具有祛风、止血、止痛的功效，主治风湿筋骨痛等症。木材坚硬，纹理细密，有弹性，供建筑、家具、运动器材等用材。茎韧皮纤维作宣纸和人造棉原料，树皮可扭绳纺织，性耐沤，适于水利工程。种子可榨油。树姿优美，常作绿化观赏树种。

工程影响：受三峡工程影响程度较大。

保护措施：对要淹没的青檀植株，实行迁地保护，对未淹没的青檀植株，实行就地保护。

图 34

35. 大叶榉树　图 35-1～图 35-3

Zelkova schneideriana H.-M.

图 35-1

保护级别：国家二级重点保护植物。

隶属科属：榆科 Ulmaceae、榉属 *Zelkova*。

形态特征：落叶乔木，植株高达35m。1年生枝密被伸展灰色柔毛。叶卵形或椭圆状披针形，厚纸质，长3～10cm，宽1.5～4cm，先端渐尖、尾状渐尖或锐尖，基部稍偏斜，上面被糙毛，下面密被柔毛，具圆齿状锯齿，侧脉8～15对；叶柄长3～7mm，被柔毛。雄花1～3朵簇生于叶腋；雌花或两性花常单生于幼枝上部叶腋。核果斜卵状圆锥形，顶端偏斜，腹侧面凹陷，直径2.5～3.5mm，网肋隆起，表面被柔毛。花期4月，果期9～10月。

生境特点：生于海拔200～1100m溪沟旁或山坡土层较厚的疏林中。

地理分布：夷陵区、兴山县等。陕西、甘肃、江苏、安徽、浙江、江西、福建、河南、湖北、湖南、广东、广西、四川、贵州、云南、西藏等。

保护价值：树皮、叶入药，主治感冒、头痛、痢疾等症。木材致密坚硬，纹理美观，不易伸缩与反翘，耐腐力强，造船、桥梁、家具等上等木材。树皮和叶均含鞣质，可提取栲胶。茎皮富含纤维，供人造棉和造纸等用。树形高大，夏季绿荫如盖，入秋叶色运红，是荒山造林和四旁绿化树种。

工程影响：受三峡工程间接影响程度较大。

保护措施：稀疏生长，数目较少，建立大叶榉树自然保护点，加强保护。

图 35-2

图 35-3

图 36-1

36.长穗桑　图 36-1～图 36-3

Morus wittiorum H.-M.

保护级别：国家二级重点保护植物。

隶属科属：桑科Moraceae、桑属*Morus*。

形态特征：落叶乔木或灌木，植株高达12m。叶纸质，长圆形或宽椭圆形，长8～12cm，上部具粗浅齿或近全缘，先端尾尖，基部圆或宽楔形，基生脉3出；叶柄长1.5～3.5cm。花单性，腋生或生于芽鳞腋内，雌雄异株，花序穗状；雄花序下垂，长2～3.5cm；雌花序长9～15cm，雌花无梗，花柱极短。聚花果窄圆筒形，长10～16cm；瘦果卵圆形，成熟时红或暗紫色，被肉质花被所包。花期4～5月，果期5～6月。

图 36-2

图 36-3

生境特点：生于海拔900～1400m山坡疏林中或山麓沟边。

地理分布：秭归县等。湖北、湖南、广东、广西、贵州等。

保护价值：嫩叶饲蚕，韧皮纤维造纸或作绳索。

工程影响：受三峡工程间接影响程度较小。

保护措施：数量不多，实行就地保护，加强繁殖和栽培。

37.背蛇生　图 37

Aristolochia tuberosa C.F.Liang et S.M.Hwang

保护级别：国家二级重点保护植物。

隶属科属：马兜铃科Aristolochiaceae、马兜铃属*Aristolochia*。

形态特征：落叶草质藤本。块根近纺锤形，长15cm，常2～3个相连。叶三角状心形，长8～14cm，先端钝，基部心形，无油点；叶柄长3～14cm。花单生或2～3朵集生；花梗长约1.5cm；花被筒长约2.5cm，基部球形，直径约5mm，向上骤缢缩成直管，管口漏斗状，檐部一侧延伸成长圆形舌片状，长约2cm，先端钝具凸尖，黄绿或具暗紫色条纹；花药卵圆形，合蕊柱6裂。蒴果倒卵圆形，长约3cm。种子卵圆形，长约4mm。花期11月至次年4月，果期6～10月。

生境特点：生于海拔150～1500m石灰岩山地或沟边灌丛中。

地理分布：石柱县、武隆县等。湖北、湖南、贵州、广西、重庆、四川、云南等。

保护价值：块根入药，有小毒，具有消炎消肿、清热解毒、散血止痛等功效，主治胃炎、胃溃疡、毒蛇咬伤等症。

工程影响：受三峡工程影响程度较大。

保护措施：采取就地保护与迁地保护相结合的方式加以保护。

图 37

38.大叶马蹄香（马蹄细辛）图 38-1、图 38-2

Asarum maximum Hemsl.

濒危类别：拟公布的第二批国家级珍稀濒危植物。

隶属科属：马兜铃科Aristolochiaceae、细辛属*Asarum*。

形态特征：多年生草本，植株高达20cm。叶卵形或近戟形，长6～13cm，先端尖，基部心形，上面偶具白斑，脉上及边缘被短毛，下面无油点；叶柄长10～23cm；芽苞叶卵形，边缘密被睫毛。花紫黑色，直径4～6cm；花梗长1～5cm；花被筒钟状，长约2.5cm，直径1.5～2cm，中部具突起圆环，内壁具纵皱褶，喉部宽圆形，直径约1cm，无膜环或仅具膜环状皱褶，花被片宽卵形，长2～4cm，基部具垫状斑块及横列乳突状皱褶；雄蕊12枚，药隔伸出，钝尖；子房半下位，花柱6枚，顶端2裂，柱头侧生。蒴果浆果状，近球形。种子多数，椭圆状或椭圆状卵形。花期4～5月。

生境特点：生于海拔600～800m山坡林下腐殖土中。

地理分布：夷陵区、秭归县、兴山县、巴东县、巫山县、巫溪县、云阳县、石柱县、武隆县等。江西、湖北、湖南、广东、重庆、四川等。

保护价值：全草或根入药，具有祛风、散寒、止痛、润肺的功效，主治风寒头痛、肺寒咳嗽、风湿关节炎等症，外用可治牙痛。

工程影响：受三峡工程间接影响程度较大。

保护措施：采取就地保护方式加以保护。

图 38-2

图 38-1

图 39-1

图 39-2

39.马蹄香　图 39-1、图 39-2

Saruma henryi Oliv.

保护级别：国家二级重点保护植物。

隶属科属：马兜铃科Aristolochiaceae、马蹄香属 *Saruma*。

形态特征：多年生草本，植株高达100cm。茎被灰褐色短柔毛。叶互生，心形，长6～15cm，两面被柔毛；叶柄长3～12cm，被毛。花单生，花被2轮，辐射对称，萼筒基部与子房合生，萼片3枚，宽心形，长约1cm；花瓣3枚，黄绿色，肾状心形，长约1cm，具短爪；雄蕊12枚，2轮；子房半下位，心皮6枚，下部合生，花柱不明显。蒴果蓇葖状，长约9mm，腹缝开裂。种子三角状倒锥形，长约3mm，背面具横皱纹。花期5～6月，果期8～9月。

生境特点：生于海拔600～1500m山坡林下阴湿处或沟边草丛中。

地理分布：夷陵区、秭归县、兴山县等。陕西、甘肃、江西、河南、湖北、重庆、四川、贵州等。

保护价值：马蹄香为我国特有单种属植物，对研究马兜铃科系统发育具有重要的科学价值。根及茎入药，具有温中、散寒、理气、镇痛的功效，主治胃痛、心前区痛、关节痛等症；鲜叶外敷具有消气的功效，可治化脓疮疡等症。

工程影响：受三峡工程间接影响程度较大。

保护措施：个体数量较少，建立自然保护点加以保护。

被子植物

40.金荞麦　（荞麦当归、荞麦七）　图 40

Fagopyrum dibotrys (D. Don) Hara

保护级别：国家二级重点保护植物。

隶属科属：蓼科Polygonaceae、荞麦属*Fagopyrum*。

形态特征：多年生草本，植株高达100cm。茎直立，具纵棱。叶三角形，长4～12cm，宽3～11cm，先端渐尖，基部近戟形，两面被乳头状突起；叶柄长达10cm，托叶鞘长0.5～1cm，无缘毛。花序伞房状；苞片卵状披针形，长约3mm；花梗与苞片近等长，中部具关节；花被片椭圆形，白色，长约2.5mm；雄蕊8枚，较花被短；花柱3枚。瘦果宽卵形，具3条锐棱，长6～8mm，黑褐色，伸出宿存花被2～3倍。花期7～9月，果期8～10月。

生境特点：生于海拔250～2800m山谷湿地或山坡灌丛下。

地理分布：夷陵区、秭归县、兴山县、万州区、涪陵区等。陕西、甘肃、江苏、安徽、浙江、江西、福建、河南、湖北、湖南、广东、广西、重庆、四川、贵州、云南、西藏等。印度、锡金、尼泊尔、越南、泰国等。

保护价值：地下木质化块状茎入药，具有清热解毒、调经止痛、排脓去瘀的功效，主治跌打损伤、腰肌劳损、咽喉肿痛等症。可作氟化物污染的指示和监测植物。

工程影响：受三峡工程间接影响程度较大。

保护措施：分布面较广，采取就地保护与迁地保护相结合的方式加以保护。

图 40

图 41

41. 神农架无心菜　图 41

Arenaria shennongjiaensis Z. E. Zhao et Z. H. Shen

濒危类别： 建议列为三峡库区珍稀濒危植物。

隶属科属： 石竹科Caryophyllaceae、无心菜属 *Arenaria*。

形态特征： 多年生草本，植株高达35cm。茎单生或2～3个簇生，每节2分枝，被1列紫褐色腺毛。叶线状披针形，长0.6～6.5cm，宽1.5～10mm，先端急尖，无柄。花生于枝顶端，直径1～1.2cm；花梗被紫褐色腺毛；萼片5枚，披针形，长3.5～4.5mm，宽0.8mm，绿色，膜质；花瓣5枚，淡紫蓝色，倒卵状楔形，长8～10mm，宽3.5～4mm，顶端4齿裂，裂片2浅裂；雄蕊10枚；花丝长4～7mm，白色，顶端紫蓝色；花药长1mm，蓝色；子房卵形，长1mm；花柱2个，离生，线形，长2.5mm，白色。蒴果卵球形，长3.5～4mm。花期7月，果期8月。

生境特点： 生于海拔2800m石灰岩山脊灌丛下。

地理分布： 巴东县等。湖北等。

保护价值： 在研究三峡库区植物区系等方面具有一定的科学价值。

工程影响： 受三峡工程间接影响程度较小。

保护措施： 采取就地保护方式加以保护。

42.齿瓣蝇子草　图 42

Silene incisa C. L. Tang

濒危类别： 建议列为三峡库区珍稀濒危植物。

隶属科属： 石竹科Caryophyllaceae、蝇子草属 *Silene*。

形态特征： 多年生草本，植株高达60cm。茎上部分泌粘液。基生叶叶片倒披针形，长5～8cm，宽5～10mm，基部渐狭成长柄状，顶端渐尖；上部茎生叶渐小。圆锥花序，小聚伞花序对生，常具1～3朵花；花直径达40mm，分泌粘液；苞片线形或线状披针形，具缘毛；花萼长筒状，长约30mm，直径约3mm，果期微膨大呈筒状棒形，纵脉紫色，萼齿三角状卵形，长1～2mm，顶端钝；花瓣淡红色，长约20mm，爪楔状倒披针形，瓣片露出花萼，轮廓三角状倒卵形，长10～15mm，浅2裂，裂片具缺刻状齿；雄蕊外露，花丝无毛；花柱外露。蒴果长圆状卵形，长10～12mm。种子圆肾形，红褐色，长约1.5mm。花期7～9月，果期9～10月。

生境特点： 生于海拔700～1820m山坡草丛中或山谷岩石缝中。

地理分布： 兴山县、巴东县等。湖北、重庆等。

保护价值： 花艳，可作观赏植物。

工程影响： 受三峡工程间接影响程度较大。

保护措施： 采取就地保护方式加以保护。

图 42

43. 莼菜　图 43-1、图 43-2

Brasenia schreberi J. F. Gmel.

保护级别： 国家一级重点保护植物。

隶属科属： 睡莲科Nymphaeaceae、莼属*Brasenia*。

图 43-1

形态特征： 多年生水生草本。地上茎细长，多分枝，包被胶质鞘内。浮水叶互生，盾状、椭圆状长圆形，长3.5～6cm，宽5～10cm，上面绿色，下面带紫色，全缘；叶柄长25～40cm，被柔毛。花小，单生叶腋，直径1～2cm；花被片6枚，2轮，条形，长1～1.5cm，暗紫色，宿存；雄蕊12～18枚，花丝锥状，花药条形，长约4mm，侧向；心皮6～18枚，离生，条形，被微柔毛，子房上位，花柱短，柱头侧生。坚果革质，长圆状卵形，长约1cm，顶端具弯刺，3个坚果或更多聚合为头状。种子1～3枚，卵形。花期6月，果期10～11月。

生境特点： 生于海拔1500m以下水塘、水田或河沼中。

地理分布： 巴东县等。黑龙江、江苏、安徽、浙江、江西、湖北、湖南、重庆、四川、云南等。俄罗斯、日本、印度、北美洲、大洋洲、西非等。

保护价值： 全草入药，具有清热解毒、止呕吐的功效，主治高血压、泻痢、胃痛等症。植物体富含胶质。嫩茎叶作蔬菜食用。全株作猪饲料。花色艳丽，为水生观赏植物。

工程影响： 受三峡工程影响程度较大。

保护措施： 野生个体数量有限，采取就地保护方式加以保护。

图 43-2

图 44-2

图 44-3

图 44-1

44.莲（荷花）　图 44-1～图 44-4

Nelumbo nucifera Gaertn.

保护级别：国家二级重点保护植物。

隶属科属：睡莲科Nymphaeaceae、莲属 *Nelumbo*。

形态特征：多年生水生草本。根状茎肥厚，横生地下，节长。叶盾状圆形，直径25～90cm；叶柄长1～2m，中空，常具刺。花单生于花葶顶端，直径10～20cm；萼片4～5枚，早落；花瓣多数，红、粉红或白色；雄蕊多数，花丝细长，药隔棒状；心皮多数，离生，埋于倒圆锥形花托穴内。坚果椭圆形或卵形，黑褐色，长1.5～2.5cm。种子卵形或椭圆形，长1.2～1.7cm，种子红或白色。花期6～8月，果期8～10月。

图 44-4

生境特点：自生或栽培于低海拔地区池塘或水田内。

地理分布：三峡库区多栽培。全国南北各地均有，自生或多为栽培。俄罗斯、朝鲜、日本、印度、东南亚、大洋洲等。

保护价值：藕（根状茎）、藕节、叶、叶柄、莲房（花托）均可入药，具有清暑热、止血等功效，莲心（胚）具有清火、强心、降压等功效，莲子具有补脾止泻、养心益肾等功效。藕、种子食用。花大、美丽而清香，为著名的观赏植物，也为重要的辅助蜜源植物。叶、茎可作饲料。荷叶可代茶饮用或做包装材料。

工程影响：受三峡工程影响程度较大。

保护措施：对未淹没的植株加以管护，进行人工繁殖。

图 45-1

图 45-2

图 45-3

45. 领春木　图 45-1～图 45-3

Euptelea pleiospermum Hook. f. et Thoms.

濒危类别：稀有种。

隶属科属：领春木科Trochodendraceae、领春木属*Euptelea*。

形态特征：落叶乔木，植株高达15m。叶纸质，卵形或近圆形，长5～14cm，基部楔形或宽楔形，顶端渐尖，边缘疏生顶端加厚的锯齿，下部或近基部全缘，下面无毛或脉上被平伏毛，脉腋具簇生毛。花两性，先叶开花，6～12朵簇生；花无被；花梗长3～5mm；苞片椭圆形，早落；雄蕊6～14枚，花药较花丝长，药隔顶端延长成附属物；心皮6～12枚，离生，1轮。翅果不规则倒卵形，长0.5～1cm，先端圆，一侧凹缺，成熟时棕色。种子1～2枚，卵形。花期4～5月，果期7～10月。

生境特点：生于海拔760～2800m山麓林缘或沟谷间。

地理分布：夷陵区、秭归县、兴山县、巴东县、巫山县、巫溪县、奉节县、开县、万州区等。河北、山西、陕西、甘肃、安徽、浙江、江西、河南、湖北、湖南、重庆、四川、贵州、云南、西藏、广西等。印度、缅甸等。

保护价值：领春木为典型的东亚植物区系成分的特征种，又是古老的孑遗植物，对研究植物形态与发育、植物区系具有一定的科学价值。树皮入药，具有清热泻火的功效。木材制农具，树皮提栲胶原料。树姿优美，花果成簇，鲜艳夺目，为优良的观赏树种。

工程影响：受三峡工程间接影响程度较小。

保护措施：分布范围日益缩小，植株数量急剧减少。加强保护，合理采伐。植物园引种栽培。

46.连香树　(紫荆叶、云义树)　图 46-1～图 46-4

Cercidiphyllum japonicum Sieb. et Zucc.

保护级别：国家二级重点保护植物。

隶属科属：连香树科Cercidiphyllaceae、连香树属 *Cercidiphyllum* 。

形态特征：落叶乔木，植株高达30m。短枝在长枝上对生。短枝之叶近圆形、宽卵形或心形；长枝之叶椭圆形或三角形，长4～7cm，宽3.5～6cm，具圆钝腺齿，下面灰绿色，掌状脉7条；叶柄长1～2.5cm。花单性，雌雄异株；雄花常4朵簇生，近无梗，苞片花期红色，膜质，卵形；雌花2～5朵簇生。蓇葖果，长1～1.8cm，褐或黑色，微弯，先端渐细，花柱宿存；果柄长4～7mm。种子数枚，扁平四角形，长2～2.5mm，褐色。花期4月，果期8月。

生境特点：生于海拔400～2700m向阳山谷或溪旁阔叶林中。

地理分布：夷陵区、秭归县、兴山县、巴东县、巫山县、巫溪县、奉节县、武隆县等。山西、陕西、甘肃、安徽、浙江、江西、河南、湖北、湖南、重庆、四川、贵州、云南等。日本等。

保护价值：连香树为第三纪孑遗植物，中国—日本间断分布种，对阐明第三纪植物区系起源以及中国与日本植物区系的关系均具有重要的科研价值。果实入药，主治小儿惊风、抽搐肢冷等症。树姿高大雄伟，叶型奇特，为优良的园林绿化树种。

工程影响：受三峡工程间接影响程度较大。

保护措施：雌雄异株，结实率低，林下幼树极少,保护母树，进行人工繁殖。植物园和树木园引种栽培。

图 46-1

图 46-2

图 46-3

图 46-4

47. 川鄂乌头　（羊角七）　图 47

Aconitum henryi Pritz.

濒危类别： 拟公布的第二批国家级珍稀濒危植物。

隶属科属： 毛茛科Ranunculaceae、乌头属*Aconitum*。

形态特征： 多年生草本，植株高150cm。茎缠绕。叶坚纸质，卵状五角形，长4～10cm，宽6.5～12cm，掌状3全裂；中央裂片披针形或菱状披针形，顶端渐尖，基部楔形，边缘疏生粗牙齿，有时上面疏被伏毛；侧生裂片较短，斜扇形，不等的2裂至中部。总状花序有3～6朵花，无毛或有少数反曲短柔毛；花梗长3.3～4cm，小苞片生花梗中部，线状钻形；萼片5枚，蓝色，上萼片高盔形，高2～2.5cm，具小喙；花瓣2枚，唇长约8mm，距长4～5mm；雄蕊多数；心皮3枚。蓇葖果。花期9～10月，果期11～12月。

生境特点： 生于海拔1500m左右山坡林下或沟边草丛中。

地理分布： 兴山县、巴东县、巫溪县等。湖北、重庆、四川等。

保护价值： 块根（母根）入药，具有祛风散寒、除湿止痛、麻醉的功效，外用治牙痛，并作表面麻醉用。侧根加工炮制成附子入药，有毒，具有回阳补火、散寒止痛的功效。

工程影响： 受三峡工程间接影响程度较小。

保护措施： 由于过度采挖，野生个体数量稀少，建立自然保护点加以保护。

图 47

被子植物

图 48-1

48.星果草　图 48-1、图 48-2

Asteropyrum peltatum (Franch.) Drumm. et Hutch.

濒危类别： 拟公布的第二批国家级珍稀濒危植物。

隶属科属： 毛莨科Ranunculaceae、星果草属 *Asteropyrum* 。

形态特征： 多年生小草本，植株高达10cm。叶2～6枚，圆形或近五角形，宽2～3cm，不裂或5浅裂，具波状浅锯齿；叶柄长2.5～6cm，密被倒向柔毛。花葶1～3个，花直径1.2～1.5cm；萼片5枚，白色，萼片倒卵形，长6～7mm，先端圆；花瓣5枚，金黄色，长约萼片之半，瓣片倒卵形或近圆形，具细爪；雄蕊11～18枚；心皮5～8枚，长椭圆形，顶端渐窄成花柱。 蓇葖 果卵圆形，长8mm，顶端具尖喙。种子宽椭圆形，长约1.5mm，褐黄色。花期3～6月，果期6～7月。

生境特点： 生于海拔1200～2800m潮湿石板上或杂木林中多苔藓的地方。

地理分布： 巴东县、巫溪县等。湖北、重庆、四川、云南等。

图 48-2

保护价值： 星果草对研究三峡库区植物区系具有一定的科学价值。全草入药，具有清热解毒、除水利湿的功效，主治热病、腹痛、痢疾等症。

工程影响： 受三峡工程间接影响程度较小。

保护措施： 数量极稀少，现处于自生自灭的状态。建立自然保护点加以保护，在附近植物园引种繁殖。

49.神农架铁线莲　图 49

Clematis shenlungchiaensis M. Y. Fang

濒危类别：建议列为三峡库区珍稀濒危植物。

隶属科属：毛茛科Ranunculaceae、铁线莲属*Clematis*。

形态特征：落叶木质藤本，茎褐或灰褐色，被曲柔毛。三出复叶，小叶片宽卵圆形或卵状椭圆形，长3～6cm，宽2～3cm，顶端钝尖或渐尖，基部圆形或宽楔形，边缘有1～2对圆锯齿或浅裂，两面均被稀疏紧贴的短柔毛；叶柄长3～5cm，被稀疏柔毛。单花腋生，花梗长4～8cm，有曲柔毛，无苞片；花钟状，下垂，直径2～3cm；萼片4枚，黄绿色，卵状披针形或宽卵形，长2.5～3cm，宽约1cm，顶端渐尖；雄蕊长1.3cm，花丝线形，被短柔毛；心支被绢状毛。瘦果。花期6月。

生境特点：生于海拔2900m更新林带的乱石缝中。

地理分布：巴东县等。湖北等。

保护价值：在研究三峡库区植物区系等方面具有一定的科学价值。攀援木质藤本，为优良的棚架植物。

工程影响：受三峡工程间接影响程度较小。

保护措施：数量极稀少，现处于自生自灭的状态。建立自然保护点加以保护。

图 49

50.黄连　(味连、川连、鸡爪连、土黄连)　图 50-1、图 50-2

Coptis chinensis Franch.

濒危类别：渐危种。

隶属科属：毛茛科Ranunculaceae、黄连属*Coptis*。

形态特征：多年生草本，植株高50cm。叶基生，具长柄；薄革质，卵状五角形，基部心形，3全裂，全裂片具柄，中裂片菱状卵形，羽状深裂，小齿具细刺尖，侧裂片斜卵形，不等2深裂，上面脉疏被毛，下面无毛。花葶高达25cm；花序具3～8朵花；苞片窄长，羽状分裂；萼片黄绿色，披针形，长0.9～1.2cm；花瓣线状披针形，白色，长5～6.5mm；雄蕊长3～6mm；心皮8～12枚。蓇葖果，长6～8mm，心皮柄与蓇葖果近等长。种子长2mm。花期2～3月，果期4月。

生境特点：生于海拔1000～2000m山坡林下或山谷阴湿处。

地理分布：夷陵区、秭归县、兴山县、巴东县、巫溪县、奉节县、云阳县、开县、忠县、石柱县、丰都县、武隆县、涪陵区、江津市等。陕西、湖北、湖南、重庆、四川等。

保护价值：根状茎、叶入药，具有健胃、清热燥湿、泻火解毒、消肿的功效，主治急性结膜炎、急性细菌性痢疾、急性胃肠炎等症。

工程影响：受三峡工程间接影响程度较小。

保护措施：由于长期利用，大量采挖，野生黄连极为稀少，应保护好野生黄连及其生态环境。建立苗木繁殖基地。

图 50-1

图 50-2

51. 川鄂獐耳细辛　(峨眉獐耳细辛)　图 51-1、图 51-2

Hepatica henryi (Oliv.) Steward

濒危类别： 建议列为三峡库区珍稀濒危植物。

隶属科属： 毛茛科Ranunculaceae、獐耳细辛属*Hepatica*。

形态特征： 多年生草本，植株高达12cm。叶基生，约6枚，宽卵形或圆肾形，长1.5～5.5cm，宽2～8.5cm，基部心形，3浅裂，裂片宽卵形或三角形，具1～2个牙齿，两面被柔毛；叶柄长4～12cm。花葶1～3个，被柔毛；苞片窄卵形或窄倒卵形，长0.5～1.1cm，全缘或具3小齿，疏被柔毛；萼片6枚，倒卵状长圆形，长0.8～1.2cm，疏被柔毛；雄蕊长2～3.5mm；心皮约10枚，子房被长柔毛，花柱短。瘦果卵圆形。花期4～5月。

生境特点： 生于海拔1300～2500m山坡林下或阴湿草丛中。

地理分布： 兴山县、巴东县等。湖北、湖南、重庆、四川等。

保护价值： 全草入药，具有清热、解毒、泻火等功效，主治目赤肿痛等症。

工程影响： 受三峡工程间接影响程度较小。

保护措施： 采取就地保护方式加以保护。

图 51-1

图 51-2

图 52-1

52.紫斑牡丹　图 52-1～图 52-3

Paeonia rockii (S. G. Haw et L. A. Lauener) T. Hong et J. J. Li

—*Paeonia suffruticosa* Andr. var. *papaveracea* (Andr.) Kerner 中国植物志 27：45. 1979.

图 52-2

图 52-3

濒危类别：渐危种。

隶属科属：毛茛科Ranunculaceae、芍药属*Paeonia*。

形态特征：落叶灌木，植株高达1.5m。叶二或三回羽状复叶，叶柄长10～15cm。小叶19～33枚，卵状披针形，长2.5～11cm，基部圆钝，先端渐尖，多全缘，少数3深裂，上面无毛或主脉上有白色长柔毛，下面多少被白色长柔毛。花单朵顶生，直径达19cm；花瓣常白色，稀淡粉红色，基部内面具1个大紫色斑块；雄蕊极多数，花丝和花药全为黄色；花盘花期全包心皮，黄色；心皮5枚，密被绒毛，柱头黄色。蓇葖果幼时长椭圆形，长2.5cm，直径1cm。花期4～5月，果期5～9月。

生境特点：生于海拔1100～1800m山坡林下、灌丛中或岩石缝中。

地理分布：石柱县等。甘肃、陕西、河南、湖北、重庆、四川等。

保护价值：紫斑牡丹是我国特有的植物，对研究牡丹属（*Paeonia*）的系统发育和培育牡丹新品种均具有一定的科学价值。根皮入药。花美丽，是珍贵的花卉种质资源。

工程影响：受三峡工程间接影响程度较小。

保护措施：过度采挖，天然繁殖力弱，分布区逐步缩小。严禁采挖，积极开展繁殖试验，推广栽培。

图 53-1

图 53-2

53.尾囊草　图 53-1、图 53-2

Urophysa henryi (Oliv.) Ulbr.

保护级别：国家二级重点保护植物。

隶属科属：毛茛科Ranunculaceae、尾囊草属*Urophysa*。

形态特征：多年生草本，植株高达15cm。叶多数，基生，宽卵形，长1.4～2.2cm，宽3～4.5cm，基部心形，中裂片无柄或具长达4mm短柄，扇状倒卵形或扇状菱形，宽1.7～3cm，上部3裂，二回裂片具少数钝齿，侧裂片斜扇形，不等2浅裂，两面疏被柔毛；叶柄长3.6～12cm。聚伞花序长约5cm，具3朵花；苞片楔形、楔状倒卵形或匙形；萼片天蓝或粉红白色，倒卵状椭圆形，长1～1.4cm，疏被柔毛，内面无毛；花瓣无距，基部囊状，长约5mm；退化雄蕊长椭圆形，长2.5～3.5mm，渐尖；心皮5枚。蓇葖果长4～5mm，密生横脉，被短柔毛。种子窄肾形，长约1.2mm。花期3～4月，果期5月。

生境特点：生于海拔500～1000m山坡石缝中或陡崖上。

地理分布：夷陵区、巴东县等。湖北、湖南、四川、贵州等。

保护价值：根入药，主治挫伤青肿等症。花美丽，可供观赏。

工程影响：受三峡工程间接影响程度较大。

保护措施：采取就地保护方式加以保护。

图 54-1

54.单花小檗　图 54-1、图 54-2

Berberis candidula Schneid.

濒危类别：建议列为三峡库区珍稀濒危植物。

隶属科属：小檗科Berberidaceae、小檗属*Berberis*。

形态特征：常绿灌木，植株高约1m。茎上针刺三叉，长1～1.5cm。叶厚革质，椭圆形至卵圆形，长1～2cm，宽5～10mm，先端渐尖，有小尖头，基部狭楔形，边缘反卷，有刺齿2～4个，背面被白粉。花单生，黄色；外萼片长椭圆形，黄红色，长约4mm，宽约2mm；中萼片长圆状倒卵形，长约7mm，宽约5mm；内萼片倒卵形，长约1cm，宽约8mm；花瓣倒卵形，先端全缘，长约8mm；雄蕊长约5mm；胚珠3～4枚。浆果椭圆形，长约8mm，无宿存花柱。花期4～5月，果期6～9月。

生境特点：生于海拔1200～2800m山坡路旁或灌丛中。

地理分布：巴东县等。重庆、四川、湖北等。

保护价值：根入药，具有清热、利湿、散瘀等功效。

工程影响：受三峡工程间接影响程度较小。

保护措施：采取就地保护方式加以保护。

图 54-2

55.南方山荷叶（江边一碗水）　图 55-1　图 55-2

Diphylleia sinensis H. L. Li

图 55-1

保护级别： 国家二级重点保护植物。

隶属科属： 小檗科Berberidaceae、山荷叶属*Diphylleia*。

形态特征： 多年生草本，植株高达80cm。根状茎节部明显，节处有1个碗状小凹。叶片盾状着生，肾形或肾状圆形至横向长圆形，上部叶片长6.5～31cm，宽19～42cm，呈两半裂，每半裂具3～6浅裂或波状，边缘具不规则锯齿，齿端具尖头；叶柄长6～13cm。聚伞花序顶生，具花10～20朵，外轮萼片披针形至线状披针形，长2.3～3.5mm；内轮萼片宽椭圆形至近圆形，长4～4.5mm；外轮花瓣狭倒卵形至阔倒卵形，长5～8mm；内轮花瓣狭椭圆形至狭倒卵形，长5.5～8mm；花丝扁平，长1.7～2mm，花药长约2mm；子房椭圆形，长3～4mm，胚珠5～11枚，柱头盘状。浆果球形或阔椭圆形，长10～15mm。种子4枚，常三角形或肾形。花期5～6月，果期6～8月。

生境特点： 生于海拔1880～2700m山谷落叶阔叶林或针叶林下、竹丛或灌丛下。

地理分布： 兴山县、巴东县、巫溪县、武隆县等。陕西、甘肃、湖北、重庆、四川、云南等。

保护价值： 根状茎和须根入药，根状茎有毒，具有消热、散血、活血、止痛和泻下的功效，主治腰腿疼痛、风湿性关节炎、跌打损伤等症。

工程影响： 受三峡工程间接影响程度较小。

保护措施： 生长缓慢，对生境要求苛刻，采取就地保护方式加以保护，并进行人工种植。

图 55-2

图 56-1

56.八角莲 （八角乌、独角连、独脚莲） 图 56-1～图 56-3

Dysosma versipellis (Hance) M. Cheng ex Ying

保护级别：国家二级重点保护植物。

隶属科属：小檗科Berberidaceae、鬼臼属 *Dysosma*。

形态特征：多年生草本，植株高达50cm。根状茎粗壮横走，有节。茎直立，淡绿色，无毛。茎生叶1～2枚，盾状着生，圆形，直径15～30cm，4～9浅裂，裂片宽三角状卵圆形或卵状长圆形，长2.5～4cm，叶柄长5～15cm。花深红色，5～8朵或更多，伞形花序，着生于近叶基处；萼片6枚，舟状，长椭圆形，长1.5～1.8cm；花瓣6枚，勺状倒卵形，长2～2.6cm；雄蕊6枚，长约1.5cm，花药与花丝近等长；子房上位，柱头盾形。浆果卵形至椭圆形。种子多数。花期5～7月，果期7～9月。

图 56-2

生境特点：生于海拔200～2400m山谷阴湿林下。

地理分布：夷陵区、秭归县、兴山县、巴东县、巫山县、巫溪县、奉节县、忠县、石柱县、武隆县、涪陵区、巴南区、江津市等。陕西、安徽、浙江、江西、福建、河南、湖北、湖南、广东、广西、重庆、四川、贵州、云南等。

保护价值：根状茎入药，具有解毒、镇痛、活血、舒筋、散瘀、消肿、祛风除湿的功效，主治跌打损伤、咽喉肿痛、腰腿疼痛等症。其叶形奇特和开花特性奇异，可作园林观赏植物。

工程影响：受三峡工程间接影响程度较大。

保护措施：零星散生，常被采挖，植株数量减少。严禁乱采滥挖，植物园引种栽培。

图 56-3

57. 鹅掌楸（马褂木、马褂树、马褂楸、双枫树、鸭掌树）图 57-1、图 57-2

Liriodendron chinense (Hemsl.) Sarg.

保护级别：国家二级重点保护植物。

隶属科属：木兰科Magnoliaceae、鹅掌楸属*Liriodendron*。

形态特征：落叶乔木，植株高达40m。叶马褂形，长4～12cm，两侧中下部各具一较大裂片，先端具2浅裂，下面被乳头状白粉点；叶柄长4～8cm。花杯状，直径5～6cm；花被片9枚，外轮绿色，萼片状，向外弯垂，内2轮直立，花瓣状，倒卵形，长3～4cm，绿色，具黄色纵条纹。雄蕊多数，花药长1～1.6cm，花丝长5～6mm。花期雌蕊群超出花被之上，心皮多数。聚合果纺锤形，长7～9cm，具翅小坚果长约6mm，顶端钝或钝尖。种子1～2枚。花期5～6月，果期9～10月。

图 57-1

生境特点：零星生于海拔600～1800m山区阔叶林中。

地理分布：夷陵区、秭归县、兴山县、巴东县、巫山县、巫溪县、奉节县、云阳县、开县、万州区、忠县、武隆县、江津市等。陕西、安徽、浙江、江西、福建、湖北、湖南、广西、重庆、四川、贵州、云南等。越南等。

保护价值：鹅掌楸为古老的孑遗植物，与北美鹅掌楸(*Liriodendron tulipifera* L.)成为著名的东亚与北美洲际间断分布种，对古植物学和植物系统学研究具有重要的科学价值。根、树皮入药，根具有散瘀、消肿、解毒的功效；树皮具有祛风除湿、止咳的功效，木材优良，轻软细密，纹理直，韧性强，易加工少变形，是建筑、装饰、细木工的优良用材。树干端直，树冠浓郁，叶形奇特，为世界珍贵的观赏树种。

工程影响：受三峡工程间接影响程度较大。

保护措施：多零星分布生于阔叶林中，数量不多，大树常遭砍伐，天然更新能力很弱，严禁砍伐野生大树、古树，人工繁殖。

图 57-2

图 58-1

图 58-2

图 58-3

图 58-4

58.厚朴　图 58-1～图 58-4

Magnolia officinalis Rehd. et Wils.

保护级别：国家二级重点保护植物。

隶属科属：木兰科Magnoliaceae、木兰属*Magnolia*。

形态特征：落叶乔木，植株高达20m。幼叶下面被白色长毛，叶近革质，7～9枚聚生枝端，长圆状倒卵形，长22～45cm，先端骤短尖或钝圆，基部楔形；叶柄粗，长2.5～4cm，托叶痕长约叶柄2/3。花直径10～15cm；花梗离花被片下1cm处具苞片痕；花被片9～12枚，肉质，外轮3片淡绿色，长圆状倒卵形，长8～10cm；内2轮渐小，白色，倒卵状匙形，具爪；雄蕊约72枚，长2～3cm，花药长1.2～1.5cm，内向开裂；雌蕊群椭圆状卵圆形，长2.5～3cm。聚合果长圆状卵圆形，长9～15cm；蓇葖果具长3～4mm喙。种子三角状倒卵形，长约1cm。花期5～6月，果期8～10月。

生境特点：生于海拔300～2000m山坡林中，多为栽培。

地理分布：夷陵区、秭归县、兴山县、巴东县、巫山县、巫溪县、奉节县、云阳县、开县、万州区、石柱县、武隆县、涪陵区、巴南区、江津市等。甘肃、陕西、河南、湖北、湖南、广西、重庆、四川、贵州等。

保护价值：厚朴是木兰属（*Magnolia*）分布广且较原始的种类，对研究东亚和北美的植物区系及木兰科分类有科学价值。根皮、树皮、芽、花蕾、种子均入药，根皮、树皮具有行气平喘、化湿导滞、消食祛痰等功效，花蕾具有理气、化湿的功效，种子具有明目益气的功效。木材供建筑、家具等用。叶大荫浓，花大美丽，作庭园观赏树种。种子榨油，制肥皂。树皮含芳香油，作香精调配肥皂和化妆品。

工程影响：受三峡工程间接影响程度较大。

保护措施：严禁剥皮、采伐，保护好母树，促进天然更新。加强幼树抚育管理，开展育苗造林。

图 59-1

图 59-2

图 59-3

59.凹叶厚朴　图 59-1～图 59-4

Magnolia officinalis Rehd. et Wils. ssp. *biloba* (Rehd. et Wils.) Law

保护级别：国家二级重点保护植物。

隶属科属：木兰科Magnoliaceae、木兰属*Magnolia*。

形态特征：凹叶厚朴是厚朴的亚种，其主要区别是：凹叶厚朴叶先端凹缺，成2钝圆的浅裂片，但幼苗之叶先端钝圆，并不凹缺。聚合果基部较窄。花期4～5月，果期6～9月。

生境特点：生于海拔300～1200m山坡阔叶林中，也有栽培。

地理分布：兴山县、巴东县、巫山县、万州区、石柱县、丰都县、武隆县等。安徽、浙江、江西、福建、湖北、湖南、广东、广西、重庆、贵州等。

保护价值：根皮、树皮、芽、花、种子均入药，树皮具有行气平喘、化湿导滞、消食祛痰、祛风镇痛的功效；芽作妇科药用；种子具有明目益气的功效。木材供建筑、家具等用。叶大阴浓，花大美丽，作庭园观赏树种。

工程影响：受三峡工程间接影响程度较大。

保护措施：过度砍伐和剥皮，野生个体数量稀少，采取就地保护方式加以保护。

图 59-4

60.武当木兰（迎春树）　图 60-1～图 60-3

Magnolia sprengeri Pampan.

濒危类别：建议列为三峡库区珍稀濒危植物。

隶属科属：木兰科Magnoliaceae、木兰属*Magnolia*。

形态特征：落叶乔木，植株高达21m。叶倒卵形，长10～18cm，先端骤尖或骤短渐尖，基部楔形，上面沿中脉及侧脉疏被平伏柔毛，下面初被平伏细柔毛；叶柄长1～3cm，托叶痕细小。花先叶开花；花被片12枚，近似，玫瑰红色，具深紫色纵纹，倒卵状匙形，长5～13cm；雄蕊长1～1.5cm，花药长约5mm，稍分离；雌蕊群圆柱形，长2～3cm，淡绿色，花柱玫瑰红色。聚合果圆柱形，长6～18cm；蓇葖果扁圆，褐色。花期3～4月，果期8～9月。

生境特点：生于海拔1300～2400m山坡林中或灌丛中。

地理分布：兴山县、巴东县等。陕西、甘肃、河南、湖北、湖南、重庆、四川、贵州等。

保护价值：花蕾树皮入药。花大美丽，为优良庭园树种。

工程影响：受三峡工程间接影响程度较小。

保护措施：采取就地保护方式加以保护。

图 60-1

图 60-2

图 60-3

图 61

61.红花木莲（红色木莲）　图 61

Manglietia insignis（Wall.）Bl.

濒危类别：渐危种。

隶属科属：木兰科Magnoliaceae、木莲属*Manglietia*。

形态特征：常绿乔木，植株高达30m。叶革质，长椭圆形或倒披针形，长10～26cm，先端渐尖或尾尖，自2/3处渐宽至基部；叶柄长1.8～3.5cm，托叶痕长0.5～1.2cm。花被片9～12枚，外轮3枚褐色，内面带红或紫红色，倒卵状长圆形，长约7cm；中、内轮乳白色带粉红色，倒卵状匙形，长5～7cm，1/4下渐窄成爪；雄蕊长1～1.8cm，2药室稍分离；雌蕊群圆柱形，无毛，长5～6cm，心皮背面具浅沟。聚合果卵状长圆柱形，无毛，长7～12cm；蓇葖果背缝全裂，被乳头状突起。花期5～6月，果期8～9月。

生境特点：生于海拔900～1200m山坡林中。

地理分布：江津市等。湖南、广西、重庆、四川、贵州、云南、西藏等。尼泊尔、印度、缅甸等。

保护价值：木材优良，供制家具等用；花美丽，作庭园观赏树种。

工程影响：受三峡工程间接影响程度较小。

保护措施：采取就地保护方式加以保护。

图 62-1

图 62-2

图 62-3

图 62-4

62.巴东木莲　图 62-1～图 62-4

Manglietia patungensis Hu

濒危类别： 濒危种。

隶属科属： 木兰科Magnoliaceae 、木莲属*Manglietia*。

形态特征： 常绿乔木，植株高达25m。叶薄革质，倒卵状椭圆形，长14～18cm，先端尾尖，基部楔形，两面无毛，侧脉13～15对；托叶痕长为叶柄的1/5～1/7。花白色，直径8.5～11cm；花被片9枚，外轮3枚近革质，窄长圆形，先端圆，长4.5～6cm；中轮及内轮肉质，倒卵形，较宽；雄蕊长6～8mm，花药紫红色，长5～6mm；雌蕊群圆锥形，长约2cm，每心皮4～8枚胚珠。聚合果圆柱状椭圆形，长5～9cm，直径2.5～3cm，淡紫红色；蓇葖果被点状凸起。花期5～6月，果期7～10月。

生境特点： 生于海拔700～1000m山坡阔叶林中。

地理分布： 夷陵区、秭归县、兴山县、巴东县、万州区等。湖北、湖南、重庆、四川等。

保护价值： 巴东木莲是木莲属（*Manglietia*）分布最北的种类，对研究该属的分类与分布具有一定的科学价值。花具有祛风止痛、收敛止血的功效。生长较快，树干通直，材质轻，易加工，是珍贵的造林树种。其树形优美，枝叶繁茂，花大且美丽芳香，作园林绿化树种。

工程影响： 受三峡工程间接影响程度较大。

保护措施： 零星分布于库区内，因森林破坏严重，个体数量逐渐减少。加强对母树的管理，扩大种植。

63.水青树　图 63－1～图 63－3

Tetracentron sinense Oliv.

保护级别：国家二级重点保护植物。

隶属科属：木兰科Magnoliaceae 、水青树属 *Tetracentron*。

形态特征：落叶乔木，植株高达40m。具长枝与短枝之分，短枝侧生。单叶互生，纸质，生于短枝顶端，叶卵状心形，长7～15cm，先端渐尖，基部心形，具腺齿，下面微被白霜，基出5～7条掌状脉；叶柄长2～3.5cm。穗状花序下垂；花小，两性，淡黄色；苞片极小；花被片4枚，淡绿或黄绿色；雄蕊4枚；子房上位，心皮4枚，每室4枚胚珠，花柱4个。蓇果4深裂，长4～5mm，宿存花柱基生下弯。种子小，线状长椭圆形。花期4～6月，果期8～10月。

生境特点：生于海拔1100～2500m山谷或山坡常绿落叶阔叶林中或林缘。

地理分布：夷陵区、秭归县、兴山县、巴东县、巫山县、巫溪县、奉节县、石柱县、武隆县等。陕西、甘肃、河南、湖北、湖南、重庆、四川、贵州、云南、西藏等。尼泊尔、缅甸、越南等。

保护价值：水青树是古老的孑遗植物，木材无导管，在研究我国古代植物区系的演化、被子植物系统及其起源等方面均具有重要的科学价值。木材质坚，结构致密，纹理美观，制家具和做造纸原料。树形美观，作观赏树和行道树。

图 63-1

图 63-2

工程影响：受三峡工程间接影响程度较小。

保护措施：野生植株不多，采取就地保护与迁地保护相结合的方式加以保护。

图 63-3

64.蜡梅　图 64

Chimonanthus praecox (L.) Link

濒危类别：建议列为三峡库区珍稀濒危植物。

隶属科属：蜡梅科Calycanthaceae、蜡梅属*Chimonanthus*。

形态特征：落叶灌木，植株高达4m。鳞芽被短柔毛。叶纸质，卵圆形、椭圆形、宽椭圆形或卵状椭圆形，长5～29cm，先端尖或渐尖。花直径2～4cm，花被片15～21枚，黄色，无毛，内花被片较短，基部具爪；雄蕊5～7枚，花丝较花药长或近等长；退化雄蕊长3mm；心皮7～14枚，基部疏被硬毛，花柱较子房长3倍。瘦果，果托坛状，近木质，高2～5cm，直径1～2.5cm，口部收缩。花期11月至次年3月，果期4～11月。

生境特点：生于海拔200～1300m山谷、岩缝或灌丛中。

地理分布：秭归县、兴山县、巴东县等。河北、陕西、山东、江苏、安徽、浙江、江西、福建、河南、湖北、湖南、广东、四川、贵州等野生，黄河、长江流域及其以南广为栽培。

保护价值：根、叶入药，具有理气止痛、散寒解毒的功效，主治跌打损伤、腰痛、风湿、感冒等症；花具有解暑生津的功效，主治心烦口渴、气郁胸闷等症，花蕾油治烫伤。种子可榨油，花香宜人，提取香精，为世界著名花木。

工程影响：受三峡工程间接影响程度较大。

保护措施：采取就地保护的方式加以保护。

图 64

图 65-1

图 65-2

图 65-3

65.樟（香樟、樟树）　图 65-1～图 65-3

Cinnamomum camphora (L.) Presl

保护级别：国家二级重点保护植物。

隶属科属：樟科Lauraceae、樟属*Cinnamomum*。

形态特征：常绿乔木，植株高达30m。叶卵状椭圆形，长6～12cm，先端骤尖，基部宽楔形或近圆形，两面无毛或下面初稍被微柔毛，离基3出脉，侧脉及支脉脉腋具腋窝；叶柄长2～3cm。圆锥花序长达7cm，花序梗长2.5～4.5cm，与花序轴均无毛或被灰白或黄褐色微柔毛；花被片椭圆形；能育雄蕊长约2mm，花丝被短柔毛，花药4室；退化雄蕊箭头形，长约1mm，被柔毛；子房球形，长约1mm，无毛，花柱长约1mm。浆果卵圆形或近球形，直径6～8mm，紫黑色；果托杯状，高约5mm，顶端平截。花期4～5月，果期8～11月。

生境特点：常生于海拔1500m以下山坡或沟谷林中，多为栽培。

地理分布：夷陵区、秭归县、兴山县、巴东县、巫溪县、涪陵区、巴南区等。我国南部、西南部等。越南、朝鲜、日本等。

保护价值：根、木材、树皮、叶、果实均可入药，具有驱风散寒、理气活血、止痛止痒的功效。木材纹理致密，色泽美观，易加工，具芳香，防虫蛀，耐水湿，为造纸、建筑、家具、雕刻珍贵的用材。根、枝、木材、叶提取樟油及樟脑，供医药、化工、防腐杀虫等用。叶含鞣质，作栲胶原料。种子榨油，供制肥皂、润滑油等用。树形宽广，枝叶茂密，作行道树和庭院绿化树。

工程影响：受三峡工程影响程度较大。

保护措施：严禁砍伐，保护母树林，加强人工繁殖，扩大种植面积。

66.银叶桂（川桂皮、桂皮、官桂、桂皮树、樟桂） 图 66

Cinnamomum mairei Lévl.

濒危类别：渐危种。

隶属科属：樟科Lauraceae、樟属 *Cinnamomum*。

形态特征：常绿乔木，植株高达16m。叶披针形，长6～11cm，先端渐钝尖，基部楔形或近圆形，下面初密被平伏银色绢毛，后渐脱落，3出脉或离基3出脉；叶柄长1～1.3cm，无毛。花序圆锥状，长4～8cm，花序梗长2～4cm，与花轴均被柔毛；花梗长4～8mm，被柔毛；花被片倒卵形，两面被绢状柔毛；能育雄蕊9枚，长2～2.6mm，花丝基部稍被毛或近无毛；退化雄蕊心形，长1.5mm，具短柄。浆果卵圆形，长1.3cm，无毛；果托半球形，全缘，直径4～5mm。花期4～5月，果期8～10月。

生境特点：生于海拔1300～1800m山坡林中。

地理分布：江津市等。重庆、四川、云南等。

保护价值：根、茎、叶均含芳香油，树皮供药用，小枝皮可作调味香料，是用材、观赏、药用树种。

工程影响：受三峡工程间接影响程度较小。

保护措施：严禁剥皮和砍伐，保护好母树及其生境，促进其天然更新，大力开展育苗造林。

图 66

图 67-1

图 67-2

图 67-3

67.阔叶樟　图 67-1～图 67-3

Cinnamomum platyphyllum (Diels) Allen

保护级别：国家二级重点保护植物。

隶属科属：樟科Lauraceae、樟属*Cinnamomum*。

形态特征：常绿乔木，植株高达6m。芽卵形或椭圆形，芽鳞外面密被绒毛。叶互生，坚纸质，椭圆形至阔卵形，长5.5～13cm，宽2.5～5.5cm，先端渐尖，基部楔形、圆形或浅心形，上面略被短柔毛或无毛，下面密被灰褐或浅黄褐色短柔毛，羽状脉，中脉在上面下部平坦或凹陷上部稍隆起，下面显著隆起，侧脉每边4～7条，侧脉脉腋常上面略有泡状隆起，下面不明显呈窝穴状；叶柄长1～2.5cm，腹面具浅槽，被绒毛。果序圆锥状，腋生，长达9cm，序轴密被绒毛。浆果阔倒卵形或近球形，直径约1cm，被柔毛；果托浅碟状，全缘，果梗长约3mm。花期4～5月，果期9月。

生境特点：生于海拔1000m山坡林中。

地理分布：石柱县等。湖北、重庆、四川等。

保护价值：树姿优美，四季常青，浓郁香气，作观赏树种。

工程影响：受三峡工程间接影响程度较小。

保护措施：把阔叶樟较为集中生长的群落确定为禁伐林，采取就地保护方式加以保护。

68.三桠乌药　图 68

Lindera obtusiloba Bl.

濒危类别： 建议列为三峡库区珍稀濒危植物。

隶属科属： 樟科Lauraceae、山胡椒属*Lindera*。

形态特征： 落叶乔木或灌木，植株高达10m。叶近圆形或扁圆形，长5.5～10cm，先端尖，3裂，稀全缘，基部近圆或心形，下面被褐黄色柔毛或近无毛，常3出脉，网脉明显；叶柄长1.5～2.8cm，被黄白色柔毛。无总梗花序5～6个，每花序具5朵花；雄花花被片6枚，外被长柔毛，内面无毛，能育雄蕊9枚，第3轮花丝基部具2个有长柄宽肾形腺体；退化雌蕊长椭圆形；雌花花被片6枚，内轮较短，子房长2.2mm，花柱短；退化雄蕊条片形，第3轮花丝基部具2个有长柄腺体。果宽椭圆形，长8mm，红至紫黑色。花期3～4月，果期8～9月。

生境特点： 生于海拔500～2200m山谷密林或灌丛中。

地理分布： 兴山县、巴东县等。辽宁、陕西、甘肃、山东、江苏、安徽、浙江、江西、福建、河南、湖南、湖北、重庆、四川、贵州、云南、西藏等。朝鲜、日本等。

保护价值： 树皮入药，主治跌打损伤、瘀血肿痛等症。种子含油率达60%，作医药及轻工业原料。木材致密，供细木工用材。

工程影响： 受三峡工程间接影响程度较大。

保护措施： 采取就地保护方式加以保护。

图 68

69 闽楠　图 69-1、图 69-2

Phoebe bournei (Hemsl.) Yang

保护级别： 国家二级重点保护植物。

隶属科属： 樟科Lauraceae、楠属*Phoebe*。

形态特征： 常绿乔木，植株高达20m。小枝被毛或近无毛。叶披针形或倒披针形，长7～15cm，宽2～3cm，先端渐尖，基部窄楔形，下面被短柔毛，脉上被长柔毛，侧脉10～14对，横脉及细脉在下面结成网格状。圆锥花序长3～7cm，常3个；花被片卵形，两面被毛；雄蕊花丝被毛，第3轮花丝基部腺体无柄；子房近球形，与花柱无毛，或子房上半部与花柱疏被柔毛，柱头帽状。核果椭圆形或长圆形，长1.1～1.5cm，宿存花被片紧贴，被毛。花期4月，果期10～11月。

生境特点： 生于海拔200～1000m山坡或山谷常绿阔叶林中。

地理分布： 夷陵区、秭归县、兴山县、巴东县等。浙江、福建、江西、河南、湖北、湖南、广东、广西、贵州等。

保护价值： 树干高大通直，枝叶茂密，木材芳香耐久，不易变形，纹理直且结构美观，为上等建筑、高级家具、雕刻工艺、造船等良材，也是造林绿化的优良树种。

工程影响： 受三峡工程间接影响程度较大。

保护措施： 采取就地保护的方式加以保护。

图 69-1

图 69-2

70.楠木（桢楠、雅楠） 图 70-1、图 70-2

Phoebe zhennan S. Lee et F. N. Wei

保护级别：国家二级重点保护植物。

隶属科属：樟科Lauraceae、楠属*Phoebe*。

形态特征：常绿乔木，植株高达30m。小枝被黄褐或灰褐色柔毛。叶椭圆形，长7～13cm，先端渐尖或尾尖，基部楔形，下面密被短柔毛，脉上被长柔毛，横脉及细脉在下面稍明显，不结成网格状，侧脉8～13对；叶柄长1～2.2cm，被毛。聚伞状圆锥花序长6～12cm，被毛；花长3～4mm，花被片两面被黄色毛；花丝被毛，第3轮花丝基部腺体无柄；退化雄蕊三角形，具柄，被毛；子房球形，柱头盘状。核果椭圆形，长1.1～1.4cm；果柄稍粗，宿存花被片紧贴，两面被毛。花期4～5月，果期9～10月。

生境特点：生于海拔600～1500m阴湿山谷、山洼或河旁。

地理分布：夷陵区、秭归县、兴山县、巴东县、巫溪县、奉节县、石柱县、丰都县、武隆县、涪陵区、巴南区等。湖北、湖南、重庆、四川、贵州等。

保护价值：楠木以其材质优良、用途广泛而著称于世，是楠木属（*Phoebe*)中经济价值最高的植物。根皮、枝叶入药，根皮主治关节疼痛等症；枝叶具有暖胃正气的功效，主治吐泻、小儿吐奶等症。木材纹理细密，为建筑、高级家具等用材。叶常绿，树冠美丽，为著名的庭院观赏和城市绿化树种。

工程影响：受三峡工程间接影响程度较大。

保护措施：对目前残存的楠木，严禁砍伐，并积极进行抚育管理，防治病虫害，大力开展育苗造林。

图 70-1

图 70-2

71.巴东紫堇　（利川紫堇）　图 71

Corydalis hemsleyana Franch. ex Prain

濒危类别：建议列为三峡库区珍稀濒危植物。

隶属科属：罂粟科Papaveraceae 、紫堇属 *Corydalis*。

形态特征：多年生草本，植株高达30cm。茎生叶互生，具长柄；叶柄基部具鞘；二回三出，一回羽片具短柄，二回羽片近无柄，卵状长圆形，基部楔形，下延，约长1～1.5cm，宽5～10mm。总状花序具4～8朵花，较疏离；下部苞片叶状，具柄；萼片小，近条裂达基部；花瓣淡紫色，近平展，长1.3～2cm；上花瓣渐尖，瓣片具波状圆齿，顶端稍后具鸡冠状突起；距圆筒形，向后稍变狭，长约1.2cm，蜜腺体短，长约3mm；下花瓣瓣片近爪渐缢缩，爪明显长于瓣片，向后渐宽展，前后形成大小不等的2囊；内花瓣顶端着色较深；柱头扁四方形，具4个乳突。蒴果宽卵圆形，长约1.2cm，宽3～5mm，两端渐尖。花期3～4月，果期4～6月。

生境特点：生于海拔1400～2900m山坡灌丛下或草甸中。

地理分布：夷陵区、巴东县、巫山县等。湖北、重庆等。

保护价值：全草入药，主治顽癣、疮疖等症。花美丽，供观赏。

工程影响：受三峡工程间接影响程度较小。

保护措施：采取就地保护方式加以保护。

图 71

图 72-1

图 72-2

72.毛黄堇 （岩黄连） 图 72-1、图 72-2

Corydalis tomentella Franch.

濒危类别：建议列为三峡库区珍稀濒危植物。

隶属科属：罂粟科Papaveraceae、紫堇属*Corydalis*。

形态特征：多年生草本，植株高达25cm。全株密被白色卷曲短柔毛。主根长，木质化。茎花葶状，约与叶等长，不分枝或少分枝，无叶或下部具少数叶。基生叶具长柄，基部具鞘，叶披针形，长达30cm，二回羽状全裂，一回羽片5～6对，具短柄，二回羽片卵形或近圆形，近无柄，顶生羽片3深裂，侧生羽片全裂或2～3裂。总状花序约具10朵花；苞片卵形或披针形，全缘，较花梗短；萼片白色；花瓣黄色，长1.5～1.8cm；距囊状，长约1cm，稍下弯。蒴果线形。花期4月，果期5～7月。

生境特点：生于海拔500～1200m阴湿岩坡上。

地理分布：秭归县、巴东县、奉节县、涪陵区等。湖北、重庆、四川、陕西等。

保护价值：全草入药，具有清热、解毒、止泻的功效。

工程影响：受三峡工程间接影响程度较大。

保护措施：采取就地保护方式加以保护。

73. 金罂粟（人血草、大金盆、豆叶七） 图 73

Stylophorum lasiocarpum (Oliv.) Fedde

濒危类别： 建议列为三峡库区珍稀濒危植物。

隶属科属： 罂粟科Papaveraceae、金罂粟属*Stylophorum*。

形态特征： 多年生草本，植株高达50cm，具红色汁液。茎常不分枝，无毛。基生叶倒长卵形，羽状深裂，长13～25cm，裂片4～7对，侧裂片卵状长圆形，顶生裂片宽卵形；叶柄长7～10cm，无毛；茎生叶2～3枚，生于茎上部，近对生或近轮生；叶柄较短。聚伞状伞形花序具4～8朵花；苞片窄卵形，长1～1.5cm；萼片卵形，长约1cm，先端尖，被短柔毛；花瓣黄色，倒卵状圆形，长约2cm；雄蕊长约1.2cm，花药长圆形；子房被短柔毛，花柱长约3mm，柱头2裂，裂片大，近平展。蒴果窄圆柱形，长5～8cm，被短柔毛。种子卵圆形，具网纹。花期4～8月，果期6～9月。

生境特点： 生于海拔600～1800m山坡林下或沟边。

地理分布： 夷陵区、兴山县、巴东县等。陕西、湖北、重庆、四川等。

保护价值： 全草或根入药，主治跌打损伤、外伤出血、劳伤、月经不调等症。

工程影响： 受三峡工程间接影响程度较大。

保护措施： 严禁过度砍伐森林和不合理采挖野生植株，采取就地保护方式加以保护。

图 73

74.堇叶芥 （马庭芥、破头风） 图 74

Neomartinella violifolia (Lévl.) Pilger

濒危类别：建议列为三峡库区珍稀濒危植物。

隶属科属：十字花科Cruciferae、堇叶芥属*Neomartinella*。

形态特征：一年生矮小草本，植株高达9cm。主根细长。叶全为基生，单叶，心形或肾形，长1.8～4cm，宽1.7～3.8cm，叶脉掌状，顶端微凹，边缘具波状圆齿，每一齿缺处均具短尖头；叶柄长3～8cm。花葶数个，花单生花葶或花序上排成疏松总状；萼片卵形，长约1.8mm，基部不呈囊状；花瓣白色，倒卵形或长圆形，长约3.5mm，顶端深凹；雄花花丝基部呈翅状；子房长椭圆形，柱头头状。长角果线形，果瓣宽，具中脉；果柄细长，长1.5～2cm，直立向上。种子椭圆形。花期2～4月，果期4～5月。

生境特点：生于800～1600m阴湿岩石上或山洞内石缝中。

地理分布：巴东县等。湖北、湖南、广西、重庆、贵州、云南等。

保护价值：全草入药，煎水服治崩漏，泡酒服治头痛及脚趾关节痛。

工程影响：受三峡工程间接影响程度较小。

保护措施：采取就地保护方式加以保护。

图 74

75.兴山堇叶芥　图 75

Neomartinella xingshanensis Z. E. Zhao et Z. L. Ning

濒危类别：建议列为三峡库区珍稀濒危植物。

隶属科属：十字花科Cruciferae、堇叶芥属 *Neomartinella*

形态特征：多年生草本，植株高达30cm。叶基生，6～14枚，长2.5～4cm，宽2～3.6cm，顶端微凹，具凸尖，基部心形，边缘具圆齿，两面密被糙伏毛；叶柄长3～12cm，被短柔毛。总状花序1～6个，具7～13朵花；萼片长圆形，长3.5～4mm，宽2.5mm；花瓣白色，倒心形，长8.5～9.5mm，宽6mm，顶端凹陷3mm，基部具1mm长的爪；雄蕊6枚，4强，长花丝2.6mm，短花丝2mm；子房长椭圆形，长1mm，柱头头状，胚珠20～30枚。长角果略呈镰刀状，长0.9～1.2cm，宽0.2～0.3cm，顶端具0.8～1mm长的喙，果柄瘦弱，长2～4.5cm。种子每室2列，卵球形或球形。花期3～4月，果期5～6月。

生境特点：生于海拔350～1300m山谷岩石缝中。

地理分布：兴山县等。湖北等。

保护价值：在研究三峡库区植物区系等方面有一定的科学价值。

工程影响：受三峡工程间接影响程度较大。

保护措施：采取就地保护方式加以保护。

图 75

76.秭归诸葛菜　图 76-1、图 76-2

Orychophragmus ziguiensis Z. E. Zhao et J. Q. Wu

濒危类别：建议列为三峡库区珍稀濒危植物。

隶属科属：十字花科Cruciferae、诸葛菜属*Orychophragmus*。

形态特征：二年生柔弱草本，植株高达80cm。基生叶为单叶，圆形，长2.3cm、宽2.3cm，柄长9cm；茎生叶为间断羽状复叶或羽状复叶，具3或5枚有柄小叶和0～4枚无柄小叶；复叶柄长1～4.5cm；顶生小叶卵形，近三角形或心形，长1.5～7.5cm，侧生有柄小叶椭圆形或卵圆形，无柄小叶侧生，卵形或椭圆形，长0.2～0.5cm，宽0.2～0.3cm，全缘。总状花序顶生，花萼上部有疏柔毛，基部囊状；花瓣倒卵形，紫色，长12～14mm，宽6～9mm，基部爪长7～9mm；花药黄色，花丝离生，长8～10mm。长角果线形，长4～9cm，喙长0.4～1cm。种子圆柱状长圆形，长2.5mm，直径1mm。花期3月，果期4～5月。

生境特点：生于海拔130m沿江山坡草丛中。

地理分布：秭归县等。湖北等。

保护价值：花供观赏，可作树坛隙地、林缘绿化植物。

工程影响：受三峡工程直接影响程度很大。

保护措施：采取迁地保护方式加以保护，加强人工繁殖。

图 76-1

图 76-2

图 77-1

图 77-2

77.伯乐树（钟萼木、冬桃） 图 77-1～图 77-4

Bretschneidera sinensis Hemsl.

保护级别：国家一级重点保护植物。

隶属科属：伯乐树科Bretschneideraceae、伯乐树属*Bretschneidera*。

形态特征：落叶乔木，植株高达20m。奇数羽状复叶，长25～45cm；叶柄长10～18cm；小叶7～15枚，纸质或近革质，长6～26cm，宽3～9cm，全缘。总状花序顶生，长20～36cm，总花梗、花梗及花萼均被褐色绒毛；花梗长2～3cm；花萼长1.2～1.7cm，顶端具不明显5齿；花瓣5枚，粉红色，长约2cm；雄蕊8枚，花药紫红色；雌蕊1枚，子房三室，柱头头状。蒴果近球形，成熟时褐色，长2～4cm。种子椭圆状球形，橙红色。花期6月，果期7～10月。

图 77-3

生境特点：生于海拔500～2000m山坡常绿落叶阔叶混交林中或林缘。

地理分布：夷陵区、巴东县、江津市等。浙江、江西、福建、台湾、湖北、湖南、广东、广西、重庆、四川、贵州、云南等。越南等。

图 77-4

保护价值：伯乐树为单属单种科植物，是古老的残遗种，对研究被子植的系统发育及古地理等均有重要的科学价值。树皮入药，具有祛风、活血、驳骨的功效，主治筋骨痛、跌打损伤等症。木材硬度适中，不翘裂，色纹美观，为优良的家具及工艺用材。花序大美丽，作城市绿化树种。

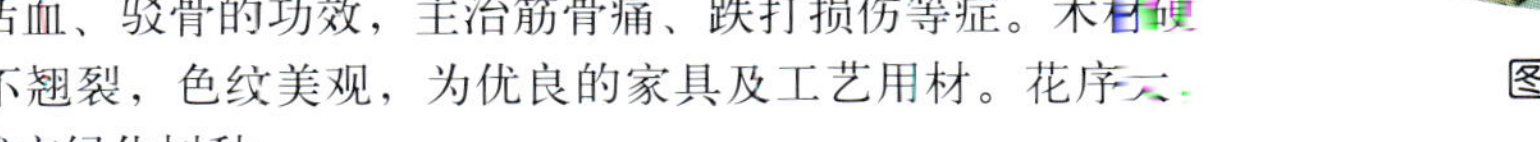

工程影响：受三峡工程间接影响程度较大。

保护措施：人为破坏较重，结实稀少，更新困难，要保护好母树，采种育苗，大力培植，建立人工林基地。

图 78-1

图 78-3

图 78-2

78.叉叶蓝　（银梅草）　图 78-1～图 78-3

Deinanthe caerulea Stapf

濒危类别：拟公布的第二批国家级珍稀濒危植物。

隶属科属：虎耳草科Saxifragaceae、叉叶蓝属 *Deinanthe*。

形态特征：多年生草本，植株高达80cm。叶膜质，常4枚集生茎顶，近轮生，椭圆形、卵形或倒卵形，长10～25m，先端尾尖，不裂或2裂，裂片大，长5～6cm，基部钝圆或窄楔形，两面疏被单毛；叶柄长2～4cm，近无毛。伞房状聚伞花序顶生，花序梗长9～15cm；不育花萼片3～4枚，近圆形，直径约1.4cm，蓝色；孕性花较大，常弯垂，花萼和花冠蓝色或稍带红色，萼齿卵圆形，长5～8mm，花瓣卵圆形或扁圆形，宽1～1.4cm，花丝和花药浅蓝色，花柱圆柱形，长5～6mm，顶端5裂。蒴果扁球形，直径约1cm，顶端宽圆锥状。花期6～7月，果期8～9月。

生境特点：生于海拔500～1600m山谷林下阴湿处。

地理分布：夷陵区、兴山县等。湖北等。

保护价值：对研究华中地区植物区系等具有一定的科学价值。根和地下茎入药，具有活血散瘀、止痛的功效。叶形奇特，花蓝色，为优良的观赏植物。

工程影响：受三峡工程间接影响程度较大。

保护措施：严禁不合理采挖野生植株，采取就地保护方式加以保护。

79. 山白树　图 79-1～图 79-3

Sinowilsonia henryi Hemsl.

保护级别： 稀有种。

隶属科属： 金缕梅科Hamamelidaceae、山白树属 *Sinowilsonia*。

形态特征： 落叶乔木，植株高达8m。幼枝及叶被星状绒毛。叶互生，倒卵形，长10～18cm，先端骤尖，基部圆或微心形，稍偏斜，下面被星状毛，侧脉7～9对，密生细齿；叶柄长0.8～1.5cm，被星状毛；托叶线形，长8mm，早落。花单性，雌雄同株，稀两性花；雄花序总状，具苞片及小苞片，雄花具短梗，萼筒壶形，被星状毛，萼齿5个，窄匙形，无花瓣，雄蕊5枚，与萼齿对生，花丝短，花药2室，纵裂；无退化雌蕊。雌花序穗状，雌花无梗，萼筒壶形，萼齿5个，无花瓣；退化雄蕊5枚；子房近上位，2室，花柱2个，稍长，每室1枚胚珠。蒴果木质，被星状毛，萼筒宿存。种子长圆形。花期3～5月，果期8～9月。

图 79-1

生境特点： 生于海拔900～1800m山坡林中、林缘或谷地河岸林中。

地理分布： 夷陵区、巫溪县、万州区、石柱县、丰都县等。山西、陕西、甘肃、河南、湖北、重庆、四川等。

保护价值： 山白树为金缕梅科单种属植物，野生种群多为单性花，经栽培后有变为两性花的倾向。它在金缕梅科中所处的地位对于阐明某些类群的起源和进化，有重要的科学价值。

工程影响： 受三峡工程间接影响程度较小。

保护措施： 花单性，授粉率低，结实少，种子又缺乏传播媒介，林下几无幼树。保护生态环境，进行移栽和播种繁殖。

图 79-2

图 79-3

80.杜仲　图 80-1、图 80-2

Eucommia ulmoides Oliv.

濒危等级：稀有种。

隶属科属：杜仲科Eucommiaceae、杜仲属*Eucommia*。

形态特征：落叶乔木，植株高达20m。单叶互生，椭圆形、卵形或长圆形，薄革质，长6～15cm，宽3.5～6.5cm，先端渐尖，基部宽楔形或近圆，羽状脉，具锯齿；叶柄长1～2cm。花单性，雌雄异株，无花被。雄花簇生，花梗长约3mm，无毛，具小苞片，雄蕊5～10枚，线形，花丝长约1mm，花药4室，纵裂；雌花单生小叶下部，苞片倒卵形，花梗长8mm，子房1室，先端2裂，倒生胚珠2枚，并列，下垂。翅果扁平，长椭圆形，长3～3.5cm，宽1～1.3cm，先端2裂，基部楔形，周围具薄翅。种子1枚，扁平线形。花期3～5月，果期7～10月。

生境特点：生于海拔300～2000m山谷疏林中，多为栽培。

地理分布：夷陵区、秭归县、兴山县、巴东县、巫山县、巫溪县、奉节县、云阳县、开县、万州区、忠县、石柱县、丰都县、武隆县、涪陵区、江津市等。陕西、甘肃、安徽、浙江、河南、湖北、湖南、广西、重庆、四川、贵州等野生，全国广泛栽培。

保护价值：杜仲是我国特有的单属科、单种属植物，在研究被子植物系统演化上具有重要的科学价值。树皮入药，具有补肝肾、强筋骨、安胎的功效，主治高血压病、腰膝酸痛、胎动不安等症。木材供建筑及制家具。植株可提取硬橡胶，抗酸、耐碱、耐腐蚀，为电线等优良绝缘材料。

工程影响：受三峡工程间接影响程度较大。

保护措施：由于乱砍滥伐和不合理的采剥树皮，自然繁殖力弱，因此野生植株少见。建立母树林，改进剥皮技术。开展育苗造林。

图 80-1

图 80-2

81.杏 图 81-1、图 81-2

Armeniaca vulgaris Lam.

图 81-1

保护级别： 拟公布的国家二级重点保护植物。

隶属科属： 蔷薇科Rosaceae、杏属*Armeniaca*。

形态特征： 落叶乔木，植株高达8m。1年生枝浅红褐色。叶片宽卵形或圆卵形，长5～9cm，宽4～8cm，先端急尖至短渐尖，基部圆形至近心形，两面无毛或下面脉腋间具柔毛；叶柄长2～3.5cm，无毛，基部常具1～6个腺体。花单生，直径2～3cm，先叶开放；花梗短，长1～3mm；花萼紫绿色；萼筒圆筒形，外面基部被短柔毛；萼片卵形至卵状长圆形；花瓣圆形至倒卵形，白或带红色，具短爪；雄蕊20～45枚，稍短于花瓣；子房被短柔毛。核果球形，直径2.5cm以上，白、黄至黄红色，常具红晕，微被短柔毛；果肉多汁，成熟时不开裂。花期3～4月，果期4～7月。

生境特点： 多栽培于海拔900m以下山坡或宅旁。

地理分布： 秭归县、巴东县、涪陵区等栽培。野生植株见于新疆天山，全国、世界广为栽培。

保护价值： 果实生食或加工，种仁供食用或入药，有小毒，具有止咳、祛痰、平喘、润肠的功效，主治咳嗽气喘、大便秘结等症。木材纹理直，结构细密，花纹美丽，可作美术用材。种仁含油率50%，可榨油。对HF敏感，用来监测大气氟化物污染。

工程影响： 受三峡工程间接影响程度较大。

保护措施： 对未淹没的栽培植株加强管护，人工繁殖。

图 81-2

82.香水月季　图 82

Rosa odorata (Andr.) Sweet

濒危类别：稀有种。

隶属科属：蔷薇科Rosaceae、蔷薇属*Rosa*。

形态特征：常绿或半常绿攀援灌木，有散生而粗短钩状皮刺。小叶5～9枚，连叶柄长5～10cm；小叶革质，椭圆形、卵形或长圆状卵形，长2～7cm，先端急尖或渐尖；托叶大部贴生叶柄，离生部分耳状，无毛，边缘或基部有腺；顶端小叶有长柄，总叶柄和小叶柄有稀疏小皮刺和腺毛。花芳香，单生或2～3朵，直径5～8cm；花梗长2～3cm，无毛或有腺毛；萼片全缘，披针形，外面无毛，内面密被长柔毛；花瓣白或带粉红色，倒卵形；心皮多数，被毛，花柱离生，伸出花萼，约与雄蕊等长。蔷薇果扁球形，无毛，宿萼反曲；果柄短。花期6～9月，果期6～11月。

生境特点：栽培于三峡库区低海拔地区城市公园内。

地理分布：三峡库区城市栽培。云南等野生；华北、华东、华中、西南等栽培。

保护价值：花提取芳香油，也供观赏。

工程影响：受三峡工程影响程度较大。

保护措施：对未淹没的栽培植株加强管护，人工繁殖。

图 82

83.黄蓍 （膜荚黄芪） 图 83

Astragalus membranaceus (Fisch.) Bunge

保护级别：国家二级重点保护植物。

隶属科属：豆科Leguminosae、黄蓍属*Astragalus*。

形态特征：多年生草本，植株高达100cm。主根肥厚，木质。茎直立，被白色柔毛。羽状复叶长5～10cm，有13～27枚小叶；托叶卵形、披针形或线状披针形；小叶椭圆形或长圆状卵形，长0.7～3cm，宽0.3～1.2cm，下面被伏贴短柔毛。总状花序有10～20朵稍密生的花；花萼钟状，长5～7mm，外面被白或黑色柔毛，萼齿短，三角形或钻形，长为萼筒的1/4或1/5；花冠黄或淡黄色，旗瓣倒卵形，翼瓣与龙骨瓣近等长；子房具柄，被细柔毛。荚果膜质，半椭圆形，长2～3cm，被白或黑色细柔毛。种子3～8枚。花期6～8月，果期7～9月。

生境特点：多栽培于三峡库区低海拔地区山坡林缘。

地理分布：秭归县、兴山县等栽培。黑龙江、吉林、辽宁、河北、山西、内蒙古、陕西、宁夏、甘肃、青海、新疆、山东、四川等，全国各地均有栽培。俄罗斯等。

保护价值：根入药，具有补气升阳、固表止汗、生肌排脓、利水消肿的功效，主治毛虚血少、久泻脱肛、子宫脱垂等症。

工程影响：受三峡工程影响程度较大。

保护措施：人工繁殖，建立种植基地，扩大栽培面积。

图 83

84.野大豆（䓖豆）图 84-1、图 84-2

Glycine soja Sieb.et Zucc.

保护级别：国家二级重点保护植物。

隶属科属：豆科Leguminosae、大豆属*Glycine*。

形态特征：一年生缠绕草本。叶具3枚小叶，长达14cm；顶生小叶卵圆形或卵状披针形，长3.5～6cm，基部圆形，两面均密被绢质糙伏毛，侧生小叶偏斜。总状花序长约10cm；花长约5mm；苞片披针形；花萼钟状，裂片三角状披针形；花冠淡紫红或白色，旗瓣近倒卵圆形，基部具短瓣柄，翼瓣斜半倒卵圆形，瓣片基部具耳，龙骨瓣斜长圆形。荚果长圆形，长1.7～2.3cm，宽4～5mm，两侧扁。种子2～3枚，椭圆形，稍扁，长2.5～4mm，宽1.8～2.5mm，褐或黑色。花期7～8月，果期8～10月。

生境特点：生于海拔150～2600m田边、沟边、沼泽、草甸或向阳灌丛下。

地理分布：夷陵区、秭归县、兴山县、巴东县、巫山县、奉节县、云阳县、开县、万州区、忠县、石柱县、涪陵区等。黑龙江、吉林、辽宁、河北、山西、内蒙古、陕西、宁夏、甘肃、山东、江苏、安徽、浙江、江西、福建、河南、湖北、湖南、贵州、重庆、四川、云南等。朝鲜、日本、俄罗斯等。

保护价值：野大豆具有许多优良性状，如耐盐碱、抗寒、抗病等，与大豆是近缘种，可利用野大豆培育优良的大豆品种。全草、种子入药，全草具有健脾的功效，种子具有强壮、利尿、平肝、益智、止汗的功效。营养价值高，作饲料；还作绿肥和水土保持植物。

工程影响：受三峡工程影响程度较大。

保护措施：适应能力强，又有较强的抗逆性和繁殖能力，采取就地保护和迁地保护相结合加以保护。

图 84-1

图 84-2

85. 花榈木（花梨木）　图 85

Ormosia henryi Prain

保护级别： 国家二级重点保护植物。

隶属科属： 豆科Leguminosae、红豆属 *Ormosia*。

形态特征： 常绿乔木，植株高达16m。叶长13～32.5cm，具5～7枚小叶；小叶革质，椭圆形或长圆状椭圆形，长4.3～13.5cm，先端钝或短尖，基部圆或宽楔形，边缘微反卷，下面及叶柄均密生黄褐色茸毛。圆锥花序顶生，总状花序则腋生，长11～17cm；花萼钟状，5齿裂至2/3处，内外均密被褐色茸毛；花冠中央淡绿色，边缘绿色微带淡紫色，旗瓣近圆形，基部具胼胝体，翼瓣与龙骨瓣均短于旗瓣。子房有9～10枚胚珠。荚果扁平，长椭圆形，长5～12cm，顶端有喙，具4～8枚种子。种子椭圆形或卵圆形，长0.8～1.5cm，鲜红色。花期7～8月，果期10～11月。

生境特点： 生于海拔100～1300m山坡或溪谷两旁杂木林中。

地理分布： 石柱县等。陕西、安徽、浙江、江西、福建、湖北、湖南、广东、海南、广西、重庆、四川、贵州、云南等。越南、泰国等。

保护价值： 根、枝、叶入药，具有破瘀行气、解毒、通络、祛风湿、消肿痛的功效。木材致密质重，纹理美丽，作轴承及细木家具用材，又作绿化树种。

工程影响： 受三峡工程影响程度较大。

保护措施： 采取就地保护和迁地保护相结合的方式加以保护。

图 85

86.红豆树（何氏红豆　鄂西红豆）图 86-1～图 86-3

Ormosia hosiei Hemsl. et Wils.

保护级别：国家二级重点保护植物。

隶属科属：豆科Leguminosae、红豆属 *Ormosia* 。

图 86-1

形态特征：半常绿乔木，植株高达30m。奇数羽状复叶，长10～15cm；小叶常5～7枚，近革质，椭圆状卵形、长圆形或长椭圆形，长5～12cm，宽2.5～5.5cm，先端急尖，基部宽楔形或圆钝。圆锥花序顶生或腋生，花序轴被毛；花萼钟状，密生黄棕色短毛；花冠白或淡红色；子房无毛，具5～6枚胚珠。荚果扁，革质或木质，近圆形，长4～6.5cm，宽2.5～4cm，先端喙状，无中果皮，内含种子1～2枚。种子鲜红色，近圆形，长1.3～2cm，种脐长约9mm。花期4～5月，果期10～11月。

生境特点：生于海拔200～1350m山谷林中、河边及村落附近。

地理分布：夷陵区、秭归县、兴山县、巴东县、巫山县、巫溪县、奉节县、云阳县、开县、万州区、石柱县、涪陵区、江津市等。陕西、甘肃、江苏、江西、安徽、浙江、福建、河南、湖北、湖南、广西、重庆、四川、贵州等。

保护价值：种子入药，有小毒，具有理气、通经、镇痛的功效，主治疝气、腹痛、心气痛、白带等症。木材坚硬，有光泽，切面平滑，花纹别致，供作高级家具、工艺雕刻等用。树冠浓阴覆地，树姿优雅，是优良的庭院树种。

工程影响：受三峡工程间接影响程度较大。

保护措施：在寺庙和村落附近保存少数大树。在分布较集中地区（如秭归县）建立红豆树自然保护点，积极开展人工繁殖。

图 86-2

图 86-3

图 87-1

图 87-2

图 87-3

87.川黄檗 （黄皮树、黄柏） 图 87－1～图 87－3

Phellodendron chinense Schneid.

保护级别：国家二级重点保护植物。

隶属科属：芸香科Rutaceae、黄檗属 *Phellodendron*。

形态特征：落叶乔木，植株高达20m。奇数羽状复叶对生，叶轴及叶柄均粗，密被褐锈或棕色柔毛；小叶7～15枚，纸质，长圆状披针形或卵状椭圆形，长8～15cm，先端渐尖，基部宽楔形或圆形，上面中脉被短毛或嫩叶被疏短毛，下面密被长柔毛，叶脉毛密；小叶柄长1～3mm，被毛。花序顶生，花密集，花序轴粗，密被柔毛。核果多数密集成团，椭圆形或近球形，直径1～1.5cm，蓝黑色。种子5～8枚，长6～7mm。花期5～6月，果期9～11月。

生境特点：生于海拔900～1500m山坡杂木林中。

地理分布：夷陵区、秭归县、兴山县、巴东县、巫溪县、奉节县、云阳县、石柱县、武隆县等。陕西、浙江、湖北、湖南、重庆、四川、云南等。

保护价值：树皮入药，具有清热解毒、泻火燥湿的功效，主治急性细菌性痢疾、急性肠炎、急性黄疸型肝炎等症，外用可治烧烫伤、急性结膜炎、黄水疮。木材易割裂刨削，无反翘伸缩，为制家具的良材。树皮及果实均可作黄色染料。种子榨油，制肥皂和润滑油等。

工程影响：受三峡工程间接影响程度较小。

保护措施：人工繁殖栽培，建立种植基地，药园引种栽培。

图 88-1

图 88-2

88.裸芸香 （蛇皮草） 图 88-1、图 88-2

Psilopeganum sinense Hemsl.

濒危类别：拟公布的第二批国家级珍稀濒危植物。

隶属科属：芸香科Rutaceae、裸芸香属 *Psilopeganum* 。

形态特征：多年生草本，植株高达80cm；全株有柑橘清香气味。3小叶复叶，互生，密生透明油腺点，小叶薄纸质，椭圆形或倒卵状椭圆形，顶生小叶长不及3cm，宽不及1cm，侧生小叶长0.4～1cm，宽2～6mm。花两性，单花腋生；花梗细长；萼片4枚，卵形，长约1mm，绿色；花瓣4～5枚，卵状椭圆形，长4～6mm，黄色；雄蕊8或10枚，花丝分离，线形；雌蕊具2枚心皮，心皮近顶部离生，2室，每室4枚胚珠，花柱靠合。蒴果顶端孔裂，果皮近膜质，每果瓣具3～4枚种子。种子肾形，长约1.5mm。花期3～5月，果期6～8月。

生境特点：生于海拔100～500m山坡草丛中或林下。

地理分布：夷陵区、秭归县、兴山县、巴东县、巫山县、巫溪县、奉节县、云阳县、万州区、武隆县、巴南区、江津市等。湖北、重庆、四川、贵州等。

保护价值：裸云香为我国特有单种属植物，对研究芸香科系统分类具有重要的科学价值。根、果、全草入药，根具有解表、健脾、行水的功效，主治腰痛等症，全草具有消积止呕的功效，果具有利水、驱蛔虫的功效。叶、果可提取芳香油。

工程影响：受三峡工程影响程度较大。

保护措施：采取就地保护和迁地保护相结合的方式加以保护。

89.浙江叶下珠　图 89

Phyllanthus chekiangensis Croiz. et Metcalf

濒危类别：拟公布的第二批国家级珍稀濒危植物。

隶属科属：大戟科Euphorbiaceae、叶下珠属 *Phyllanthus*。

形态特征：落叶灌木，植株高达1m。叶椭圆形或椭圆状披针形，长0.8～1.5cm，先端有小尖头，基部稍偏斜，侧脉3～4对，纤细；叶柄长0.5～1cm；托叶披针形。花紫红色，雌雄同株，单生或数朵簇生叶腋；雄花直径2～3mm；花梗长4～6mm；萼片4枚，卵状三角形，边缘撕裂状或啮蚀状；花盘稍肉质，不裂；雄蕊4枚，花丝合生；雌花直径3～4.5mm；花梗长0.6～1.2cm；萼片6枚，卵状披针形，长1.5mm，边缘撕裂状或啮蚀状；子房扁球形，花柱3个。蒴果扁球形，长约5mm，3瓣裂，密被皱波状或卷曲状长毛。花期4～8月，果期7～10月。

生境特点：生于海拔300～750m山坡疏林下或山坡灌丛中。

地理分布：夷陵区、巴东县等。安徽、浙江、江西、福建、湖北、湖南、广东、广西等。

保护价值：在研究植物区系等方面具有一定的科学价值，可作观赏植物。

工程影响：受三峡工程间接影响程度较大。

保护措施：采取就地保护方式加以保护。

图 89

90.宜昌黄杨 图 90

Buxus ichangensis Hatusima

濒危类别：建议列为三峡库区珍稀濒危植物。

隶属科属：黄杨科Buxaceae、黄杨属*Buxus*。

形态特征：常绿灌木，植株高达30cm。小枝密生，节间长0.3～1cm。叶对生，薄革质或坚纸质，倒披针形或窄倒卵形，长1～1.6cm，宽4～6mm，先端圆，常具小尖头，基部楔形，上面中脉平或微凸，侧脉不明显；叶柄长约1mm。花序头状，花序轴被毛；苞片卵形，长1～2mm；雄花8～12朵，花梗长约0.4mm，萼片卵形，长约2mm，雄蕊长4～5mm；不育雌蕊细，长1.4～1.8mm；雌花萼片卵状长圆形，长约2.5mm，子房较花柱稍长。蒴果椭圆形，长约5mm，宿存花柱长约2mm。花期3月，果期7月。

生境特点：生于海拔80～300m江岸、河岸或向阳岩缝中。

地理分布：夷陵区、秭归县、巴东县等。湖北、湖南、重庆等。

保护价值：观赏树种。

工程影响：受三峡工程影响程度较大。

保护措施：采取就地保护和迁地保护相结合的方式加以保护，人工繁殖栽培。

图 90

91.神农架冬青　图 91

Ilex shennongjiaensis T. R. Dudley

濒危类别：建议列为三峡库区珍稀濒危植物。

隶属科属：冬青科Aquifoliaceae、冬青属*Ilex*。

形态特征：常绿灌木或小乔木，植株高达5m。叶片厚革质，椭圆状卵形，长2.5～4cm，宽1.5～2.5cm，先端急尖至稍钝，基部短渐狭或截形，叶缘上部具细齿状圆齿，无腺点；叶柄长2.5～3mm，疏被微柔毛，上面具深沟槽；托叶钻状，长约0.5mm，具缘毛，早落。果序生于当年生枝的叶腋内，总果梗和果梗直立，果梗中上部或中部着生2枚卵形、先端钝状骤尖的小苞片，长1～1.5mm；果梗长5.5～12mm，核果球形，直径8～12mm，深樱桃红色，具光泽，无毛，具分核4～5枚，长圆形，长4～5mm，宽2.5～3mm，背面具3条细条纹。花期5～6月，果期8～9月。

生境特点：栽培于海拔1600m山谷溪沟旁灌丛中。

地理分布：夷陵区等栽培。湖北等。

保护价值：叶四季常青，果成熟时红色，可作观赏树种。

工程影响：受三峡工程间接影响程度较小。

保护措施：采取就地保护方式加以保护。

图 91

92.刺茶美登木（刺茶裸实）图 92

Maytenus variabilis（Hemsl.）C. Y. Cheng

濒危类别：建议列为三峡库区珍稀濒危植物。

隶属科属：卫矛科Celastraceae、美登木属*Maytenus*。

形态特征：落叶或半常绿灌木，植株高达2m。小枝先端常呈粗刺状，腋生刺较细。叶椭圆形、窄椭圆形或椭圆状披针形，长3～12cm，先端尖或钝，基部锲形，边缘具密浅锯齿；叶柄长3～6mm。聚伞花序生于刺状小枝及非刺状长枝上，有1～3回二歧分枝；花序梗长0.3～1.3cm；花淡黄色，直径5～6mm；花萼裂片卵形，边缘有微齿；花瓣长圆形；雄蕊较花瓣稍短；子房基部约1/3与花盘合生；花柱短，柱头3裂，裂片扁。蒴果三角状宽倒卵形，长1.2～1.5cm，成熟时红紫色，3室，每室仅1枚种子成熟。种子倒卵柱状，基部具浅杯状淡黄色假种皮。花期6～10月，果期7～12月。

生境特点：生于海拔400～600m岩边、草地或多石斜坡上。

地理分布：夷陵区、秭归县、兴山县、巴东县等。湖北、重庆、四川、贵州、云南等。

保护价值：根入药；成熟种子内含丰富的脂肪油，制肥皂等。可作观赏树种。

工程影响：受三峡工程间接影响程度较大。

保护措施：采取就地保护方式加以保护。

图 92

93.核子木　图 93

Perrottetia racemosa (Oliv.) Loes.

保护级别：国家二级重点保护植物。

隶属科属：卫矛科Celastraceae、核子木属 *Perrottetia*。

形态特征：落叶灌木，植株高达2m。叶纸质，长椭圆形或窄卵形，长5～15cm，宽2.5～5.5cm，先端长渐尖，尾尖部分直而不弯，基部宽楔形或近圆形，边缘有细锯齿或近全缘；叶柄长0.6～2cm。聚伞花序多花排成窄总状；花白色，单性为主，雌雄异株；雄花直径约3mm，花萼与花瓣紧密排列，均具缘毛，花瓣稍大，雄蕊着生花盘边缘，花丝细长，子房细小，不育；雌花直径约1mm，花萼、花瓣直立，花盘浅杯状，雄蕊退化；子房2室，每室2枚胚珠，花柱顶2裂。果序长穗状，长4～7cm；浆果红色，近球形，直径约3mm，每室种子1～2枚。花期5～6月，果期8～9月。

生境特点：生于海拔800m山坡林下。

地理分布：夷陵区、巴东县、巫山县、奉节县等。湖北、湖南、重庆、四川、贵州、云南等。

保护价值：对研究植物分类、植物区系等方面具有一定的科学价值。根皮具有祛风除湿等功效，主治风湿关节痛。

工程影响：受三峡工程间接影响程度较小。

保护措施：严禁砍伐森林，就地保护野生资源，进行人工繁殖。

图 93

94.瘿椒树 （银鹊树、瘿椒子） 图 94-1～图 94-3

Tapiscia sinensis Oliv.

濒危类别：稀有种。

隶属科属：省沽油科Staphyleaceae、瘿椒树属*Tapiscia*。

形态特征：落叶乔木，植株高达30m。奇数羽状复叶，互生，复叶长达30cm，小叶5～9枚，窄卵形或卵形，长6～14cm，基部心形或近心形，具锯齿，两面无毛或下面脉腋被毛，下面灰白色，密被近乳头状白粉点；侧生小叶柄短，顶生小叶柄长达3cm。圆锥花序腋生，雄花与两性花异株；雄花序长达25cm，两性花序花长约10cm；花长约2mm；两性花花萼钟状，长约1mm，5浅裂，花瓣5枚，窄倒卵形，花柱长于雄蕊；雄花有退化雌蕊，雄蕊5枚。核果近球形或椭圆形，长约7mm，成熟时紫黑色。花期6～7月，果期9～10月。

图 94-1

生境特点：生于海拔900～1800m山谷常绿落叶阔叶混交林中或林缘。

地理分布：夷陵区、秭归县、兴山县、巴东县、巫山县、奉节县、万州区、石柱县、武隆县、江津市等。陕西、安徽、浙江、江西、福建、湖北、湖南、广东、广西、重庆、四川、贵州、云南等。

保护价值：瘿椒树是我国特有的古老树种，在研究我国亚热带植物区系与省沽油科的系统发育方面具有一定的科学价值。花提取芳香油，防虫。木材材质轻软，纹理直，刨面光滑，易加工，可做家具、板料。枝叶繁茂，花具芳香，秋叶金黄，为优良的绿化观赏树种。

工程影响：受三峡工程间接影响程度较小。

保护措施：就地保护野生资源，积极开展人工繁殖。树木园、植物园引种栽培。

图 94-2

图 94-3

95. 血皮槭（马梨光）图 95-1、图 95-2

Acer griseum (Franch.) Pax

濒危类别： 建议列为三峡库区珍稀濒危植物。

隶属科属： 槭树科Aceraceae、槭属*Acer*。

形态特征： 落叶乔木，植株高达20m。树皮光滑，赤褐色，常成纸状薄片剥落。3小叶复叶，小叶菱形或椭圆形，长5～8cm，宽3～5cm，先端钝尖，具粗钝锯齿，上面幼时被柔毛，后近无毛，下面有白粉及淡黄色疏柔毛，叶脉毛密；叶柄长2～4cm，疏被柔毛。聚伞花序具3朵花，疏被柔毛；花黄绿色，雄花与两性花异株；萼片长圆卵形，长6mm；花瓣长圆倒卵形，长7～8mm；雄蕊10枚，花丝无毛。翅果长3.2～3.8cm，两翅成锐角或近直角，小坚果密被柔毛。花期4月，果期9月。

生境特点： 生于海拔1500～2000m山坡林中。

地理分布： 兴山县、巴东县等。山西、陕西、甘肃、湖北、湖南、重庆、四川等。

保护价值： 树姿优美，秋叶红色，作绿化树种。木材坚韧，供制作上等家具；树皮纤维可造纸。

工程影响： 受三峡工程间接影响程度较小。

保护措施： 就地保护野生植株，人工繁殖，扩大种质资源。

图 95-1

图 95-2

图 96-2　图 96-3

图 96-1　图 96-4

96.金钱槭　图 96-1～图 96-4

Dipteronia sinensis Oliv.

保护级别：稀有种。

隶属科属：槭树科Aceraceae、金钱槭属 *Dipteronia* 。

形态特征：落叶乔木，植株高达15m。奇数羽状复叶；小叶7～11枚，纸质，长卵形或矩圆状披针形，长7～10cm，宽2～4cm，先端稍尾尖，基部近圆或宽楔形，具钝锯齿，下面沿叶脉及脉腋被白色绒毛；叶柄长5～7cm，无毛。花杂性，白色，萼片5枚，卵形或椭圆形；花瓣5枚，宽卵形，长1～1.5cm；雄蕊8枚，在两性花中较短；子房被长硬毛。翅果直径2～2.5cm，圆翅被长硬毛，成熟时黄色。花期4月，果期9月。

生境特点：生于海拔1000～2400m阴湿山谷阔叶林中或林缘。

地理分布：夷陵区、秭归县、兴山县、巴东县、巫山县、巫溪县等。陕西、甘肃、河南、湖北、湖南、重庆、四川、贵州、云南等。

保护价值：金钱槭果实奇特，是我国特有的寡种属植物，在阐明某些类群的起源和进化、研究植物区系与地理分布等方面均具有较重要的科学价值。树皮具有祛风除湿的功效。可栽培，供观赏。

工程影响：受三峡工程间接影响程度较小。

保护措施：严禁砍伐森林，保护好母树，建立自然保护点，进行人工繁殖。植物园引种栽培。

图 97-1

图 97-2

97.天师栗 （梭椤树、猴板栗） 图 97-1、图 97-2

Aesculus wilsonii Rehd.

濒危类别：建议列为三峡库区珍稀濒危植物。

隶属科属：七叶树科Hippocastanaceae、七叶树属 *Aesculus*。

形态特征：落叶乔木，植株高达20m。复叶柄长10～15cm；小叶5～7枚，倒卵形或长倒披针形，长10～25cm，上面仅主脉基部微被长柔毛，下面有灰色毛，具骨质硬头锯齿，侧脉20～25对，小叶柄长1.5～2.5cm。花序圆筒形，长20～30cm，基部的直径8～10cm，基部小花序长3～4cm；花浓香，杂性，雄花与两性花同株；花萼筒状，长6～7mm；花瓣4枚，倒卵形，前面的2枚花瓣有黄色斑块；雄蕊7枚，最长达3cm；花盘微裂，两性花子房卵圆形，有黄色绒毛。蒴果黄褐色，卵圆形或近梨形，直径3～4cm，顶端有短尖头，无刺，有斑点，3裂。种子常1枚，近球形，种脐占种子1/3以下。花期4～5月，果期9～10月。

生境特点：生于海拔1000～1800m山坡阔叶林中。

地理分布：秭归县、兴山县、巴东县等。江西、河南、湖北、湖南、广东、重庆、四川、贵州、云南等。

保护价值：果入药，主治胃病、心脏病等症。木材坚硬紧密，可制造器具，树冠圆形宽大，作行道树和庭园树。

工程影响：受三峡工程间接影响程度较小。

保护措施：对原生植株就地保护，建立繁殖基地。

图 98-1

图 98-2

图 98-3

98.龙眼 （桂圆） 图 98-1～图 98-3

Dimocarpus longan Lour.

保护级别：国家二级重点保护植物。

隶属科属：无患子科Sapindaceae、龙眼属 *Dimocarpus*。

形态特征：常绿乔木，植株高达15m。偶数羽状复叶，小叶对生或互生，4～5对，长圆状椭圆形或长圆状披针形，两侧不对称，长6～15cm，宽2.5～5cm，先端短稍钝，基部极不对称，两面无毛，侧脉12～15对；小叶柄长不及5mm。花序密被星状毛，花梗短；萼片近革质，三角状卵形，两面被褐黄色绒毛和成束的星状毛；花瓣乳白色，披针形，与萼片近等长，外面被微柔毛。蒴果近球形，直径1.2～2.5cm，常黄褐或灰黄色，稍粗糙，稀有微凸小瘤体。种子全为肉质假种皮包被。花期4～6月，果期8～10月。

生境特点：大多栽培于海拔400m以下山坡或村旁等。

地理分布：万州区、忠县、丰都县、涪陵区、江津市等栽培。广东、海南、广西、云南等有野生或半野生，我国西南至东南等栽培。亚洲南部和东南部等栽培。

保护价值：果实可食，肉质假种皮富含维生素和磷质，具有益脾、健脑功效。木材结构细致、坚重，极耐水湿，不受虫蛀，为车、船、桥梁、细木工、家具等优良用材。种子含淀粉，可酿酒。

工程影响：受三峡工程影响程度较大。

保护措施：保护好现存的植株，加强人工繁殖，扩大种植面积。

99.伞花木　图 99-1～图 99-4

Eurycorymbus cavaleriei (Lévl.) Rehd. et H.– M.

保护级别：国家二级重点保护植物。

隶属科属：无患子科Sapindaceae、伞花木属*Eurycorymbus*。

形态特征：落叶乔木，植株高达20m。偶数羽状复叶，互生，无托叶，叶轴被卷柔毛；小叶4～10对，近对生，长圆状披针形或长圆状卵形，长7～11cm，先端渐尖，基部宽楔形；小叶柄长达1cm。聚伞圆锥花序顶生，稠密多花，分枝被绒毛；花单性，雌雄异株；花梗长2～5mm；萼片5枚，卵形，被绒毛；花瓣5枚，匙形，有短爪，无鳞片；花盘圆齿状浅裂；雄蕊8枚，花丝无毛。蒴果深裂为3果瓣，常1或2个发育，宽倒卵形或宽椭圆形，成熟时室背开裂；果皮革质，密被绒毛。种子近球形，黑色。花期5～10月，果期7～10月。

图 99-1

生境特点：生于海拔250～1600m常绿阔叶林中、山谷路旁、山谷林缘或河边。

地理分布：夷陵区、秭归县、兴山县等。江西、福建、台湾、湖北、湖南、广东、广西、重庆、四川、贵州、云南等。

保护价值：伞花木为第三纪残遗于我国的特有单种属植物，对研究植物区系和无患子科的系统发育均具有一定的科学价值。

工程影响：受三峡工程间接影响程度较大。

保护措施：易遭砍伐，现存植株多为砍伐后的萌蘖株，且常见病腐株。就地保护，严禁砍伐破坏，加强抚育管理。

图 99-2

图 99-3

图 99-4

100.湖北凤仙花　图 100-1、图 100-2

Impatiens pritzelii Hook. f.

图 100-1

濒危类别：拟公布的第二批国家级珍稀濒危植物。

隶属科属：凤仙花科Balsaminaceae、凤仙花属*Impatiens*。

形态特征：多年生草本，植株高达70cm。叶互生，常密集于茎端，长圆状披针形或宽卵状椭圆形，长5～18cm，宽2～5cm，顶端渐尖或急尖。总花梗生于上部叶腋，具3～8朵花；花总状排列，基部具卵形或舟形苞片；花黄或黄白色，侧生萼片4枚，外面2枚宽卵形，内面2枚线状披针形；旗瓣宽椭圆形或倒卵形；翼瓣具宽柄，2裂，基部裂片倒卵形，上部裂片长圆形或近斧形，唇瓣囊状，内弯，具淡棕红色斑纹，基部渐狭成14～17mm内弯或卷曲的距；花丝线形，花药顶端钝。子房纺锤形，具长喙尖。蒴果。花期10月。

生境特点：生于海拔400～1800m山谷林下、沟边或湿润草丛中。

地理分布：夷陵区、秭归县、兴山县、巴东县、奉节县、万州区等。湖北、重庆等。

保护价值：根状茎入药，具有祛风除湿、散淤消肿、止痛止血、清热解毒的功效，主治风湿疼痛、四肢麻木、跌打损伤等症。

工程影响：受三峡工程间接影响程度较大。

保护措施：严禁采挖野生植株，采取就地保护方式加以保护。

图 100-2

图 101-1

图 101-2

101.小勾儿茶　图 101-1～图 101-4

Berchemiella wilsonii (Schneid.) Nakai

濒危类别：渐危种。

隶属科属：鼠李科Rhamnaceae、小勾儿茶属 *Berchemiella*。

形态特征：落叶灌木，植株高达6m。叶互生，纸质，椭圆形，长7～10cm，宽3～5cm，先端钝，具短突尖，基部圆形，不对称，侧脉8～10对，托叶短，三角形，背面合生包被芽；叶柄长4～5mm，顶生聚伞总状花序，长3.5cm；花淡绿色，萼片三角状卵形，里面中部有喙状突起；花瓣宽倒卵形，先端微凹，基部具短爪；子房花柱短，2浅裂。核果1室，种子1枚。花期5月，果期6～7月。

生境特点：生于海拔900～1200m山坡阔叶林中。

地理分布：兴山县等。安徽、湖北等。

保护价值：对研究鼠李科枣族中某些属间的亲缘关系具有一定的科学价值。

工程影响：受三峡工程间接影响程度较小。

保护措施：严禁砍伐现存的植株，进行人工繁殖。

图 101-3

图 101-4

102.鄂西鼠李 （秭归鼠李） 图 102

Rhamnus tzekweiensis Y. L. Chen et P. K. Chou

濒危类别：建议列为三峡库区珍稀濒危植物。

隶属科属：鼠李科Rhamnaceae、鼠李属*Rhamnus*。

形态特征：落叶平卧低矮灌木，植株高达20cm。叶小，纸质或薄革质，在长枝上互生或对生，在短枝上簇生，狭倒披针形或倒披针形，长1～2.5cm，宽0.3～0.6cm，顶端圆钝或微凹，基部楔形，边缘具疏小圆齿，或下部全缘或近全缘，两面无毛，侧脉每边3～5条，纤细，弧状弯曲，中脉和侧脉在上面稍下陷，网脉明显，在下面稍凸起；叶柄长2～3mm；托叶钻状刚毛状，与叶柄近等长或短于叶柄，宿存。核果倒卵状球形，直径4～5mm，基部有浅盆状的宿存萼筒；果梗长5～8mm；具2枚或3枚分核。种子倒卵状矩圆形，淡褐色，有光泽，长4～5mm。果期7～8月。

生境特点：生于海拔150m左右江边岩石缝中。

地理分布：秭归县、巴东县等。湖北等。

保护价值：在研究三峡库区植物区系等方面具有一定的科学价值。

工程影响：受三峡工程影响程度较大。

保护措施：分布狭窄，植株很少，迁地保护，进行人工繁殖，扩大种质资源。

图 102

图 103-1

图 103-2

103.中华猕猴桃 （洋桃、藤梨） 图 103-1、图 103-2

Actinidia chinensis Planch.

保护级别：国家二级重点保护植物。

隶属科属：猕猴桃科Actinidiaceae、猕猴桃属*Actinidia*。

形态特征：落叶木质藤本。叶纸质，营养枝之叶宽卵圆形或椭圆形，先端短渐尖或骤尖；花枝之叶近圆形，先端钝圆、微凹或平截；叶长6～17cm，宽7～15cm，基部楔状稍圆、平截至浅心形，上面无毛或中脉及侧脉疏被毛，下面密被灰白或淡褐色星状绒毛；叶柄长3～6cm，被灰白或黄褐色毛。聚伞花序1～3朵花；苞片卵形或钻形，长约1mm，被灰白或黄褐色绒毛；花单性，雌雄异株；初白色，后橙黄色；萼片5枚，宽卵形或卵状长圆形，长0.6～1cm，密被平伏黄褐色绒毛；花瓣5枚，宽倒卵形，具短矩，长1～2cm；花药长1.5～2mm；子房密被黄色绒毛或糙毛。浆果黄褐色，近球形，直径4～6cm，被灰白色绒毛，具淡褐色斑点，果柄长3～4cm。花期4月。果期5～10月。

生境特点：生于海拔200～1850m次生疏林中、林缘或灌丛中。

地理分布：夷陵区、秭归县、兴山县、巴东县、万州区、武隆县等。陕西、江苏、安徽、浙江、江西、福建、河南、湖北、湖南、广东、广西、重庆、四川、贵州、云南等。

保护价值：根、果实入药，根、根皮具有清热解毒、活血消肿、祛风利湿的功效，果实具有调中理气、生津润燥、解热除烦的功效。茎、叶可制土农药，杀油茶毛虫、稻螟虫、蚜虫等。茎含粘性大的胶质，可作建筑、造纸原料。叶可作饲料。花可提取香精，供饮食工业用，是良好蜜源植物。果实可生食、制果酱、罐头、果脯和酿酒。可作果树和观赏植物。

工程影响：受三峡工程间接影响程度较大。

保护措施：对野生资源就地保护，建立种植基地。

104.长瓣短柱茶 （闽鄂山茶） 图 104

Camellia grijsii Hance

濒危类别：渐危种。

隶属科属：山茶科Theaceae、山茶属*Camellia*。

形态特征：常绿灌木或乔木，植株高达10m。叶革质，长圆形，长7～10cm，宽2.5～3.7cm，先端尾尖，基部宽楔形，下面中脉被长毛，具尖锐细齿；叶柄长5～8mm，被毛。花顶生，白色，直径4～5cm；苞被片9～10枚，半圆形或圆形，长2～8mm，花后脱落；花瓣5～6枚，倒卵形，长2～2.5cm，宽1.2～2cm，先端凹缺；雄蕊长7～8mm，花丝基部联合或部分分离，花药基着；子房被黄色长粗毛，花柱长3～4mm，顶端3浅裂。蒴果球形，直径2～2.5cm，1～2室。花期1～3月，果期6～10月。

生境特点：生于海拔150～1300m山坡、沟边林中或林缘。

地理分布：夷陵区、兴山县、奉节县、江津市等。江西、福建、湖北、湖南、广西、重庆、贵州等。

保护价值：花有微香，对研究山茶科某些种类的亲缘关系等具有一定的科学价值。种子是很好的油料，供食用和工业用油。花大，洁白，作观赏植物。

工程影响：受三峡工程影响程度较大。

保护措施：天然繁殖力较弱。严禁砍伐野生植株，采取就地保护和迁地保护相结合的方式加以保护，进行采种育苗。

图 104

105.紫茎 （猴不上、马林光） 图 105-1、图 105-2

Stewartia sinensis Rehd. et Wils.

濒危类别： 渐危种。

隶属科属： 山茶科Theaceae、紫茎属*Stewartia*。

形态特征： 落叶灌木或小乔木，植株高达15m。冬芽具2～3枚芽鳞。叶纸质，椭圆形或卵状椭圆形，长5～10cm，先端渐尖，基部楔形，具粗齿，叶下面脉叶具簇生毛；叶柄长1cm。花单生，直径4～5cm；花梗长4～8mm；苞片长卵形，长2～2.5cm；萼片5枚，长卵形，长1～2cm，先端尖，基部连合，被毛；花瓣宽卵形，长2.5～3cm，基部连合，具绢毛；雄蕊花丝筒短，被毛；子房5室，被毛，花柱长1.7cm。蒴果卵圆形，顶端尖，直径1.5～2cm。种子长1cm，具窄翅。花期6月，果期9～10月。

生境特点： 多生于海拔400～1900m山坡、沟谷林中或林缘。

地理分布： 夷陵区、秭归县、兴山县、巴东县、巫山县、巫溪县等。陕西、安徽、浙江、江西、福建、河南、湖北、湖南、广西、重庆、四川、贵州、云南等。

保护价值： 紫茎为我国特有的残遗植物，对研究东亚—北美植物区系具有一定的科学价值。根皮和树皮入药，具有清寒表汗、舒筋活血的功效，主治跌打损伤、风湿麻木等症。种子油食用或制肥皂及润滑油。木材坚硬耐用，为制造家具等良材。树皮光滑美丽，花大，白色，秀丽，作庭院观赏植物。

工程影响： 受三峡工程间接影响程度较大。

保护措施： 生长缓慢，集中分布的地区可建立自然保护点，实行就地保护，保护母树，采种育苗。

图 105-1

图 105-2

图 106-1

图 106-2

106.疏花水柏枝（水浪棵子、水柏树） 图 106-1～图 106-4

Myricaria laxiflora (Franch.) P. Y. Zhang et Y. J. Zhang

濒危类别：拟公布的第二批国家级珍稀濒危植物。

隶属科属：柽柳科Tamaricaceae、水柏枝属 *Myricaria*。

形态特征：落叶灌木，植株高达2m。老枝红褐或紫褐色，当年生枝绿或红褐色。叶披针形或长圆形，长2～4mm，具窄膜质边。总状花序顶生，长6～12cm，稀疏；苞片卵状披针形或披针形，长约4mm；花梗长约2mm；萼片披针形或长圆形，长2～3mm；花瓣倒卵形或倒卵状长圆形，长5～6mm，粉色或淡紫色；花丝1/2或1/3联合。蒴果窄圆锥形，长6～8mm。种子长1～1.5mm，顶端芒柱一半以上被白色长绒毛。花期9月至次年4月，果期9月至次年4月。

生境特点：生于海拔80～150m长江沿岸消涨带内。

地理分布：夷陵区、秭归县、巴东县、巫山县、奉节县、云阳县、万州区、石柱县、忠县、丰都县、涪陵区、长寿区、巴南区等。湖北、重庆等。

保护价值：对研究三峡库区植物区系等具有重要的科学价值。巴东民间治烫伤。疏花水柏枝喜湿耐涝，是河岸沙滩固土绿化树种，也是较理想的观叶植物。

工程影响：受三峡工程影响程度很大。

保护措施：迁地保护，移植在三峡库区长江支流的河滩上和三峡大坝坝下的江滩上，武汉植物园和三峡植物园等引种栽培。

图 106-3

图 106-4

107.山羊角树　图 107

Carrierea calycina Franch.

濒危类别：建议列为三峡库区珍稀濒危植物。

隶属科属：大风子科Flacourtiaceae、山羊角树属 *Carrierea* 。

形态特征：落叶乔木，植株高达15m。叶革质或薄革质，长卵形或长圆形，长8～16cm，宽3～10cm，先端锐尖，基部圆或微心形，边缘有粗锯齿，中脉在叶上面凹下，基生3出脉；叶柄长3～9cm。圆锥花序常顶生；花单性，雌雄异株；花梗近中部有2枚长圆形苞片，无毛；萼片5枚，卵形，长0.8～1cm，被毛；雄花雄蕊多数；雌花子房1室，胚株多数，花柱3～4个，柱头3浅裂。蒴果纺锤状，长3～5cm，被毛，3瓣裂。种子多数，具翅。花期4～6月，果期5～10月。

生境特点：生于海拔900～2500m山坡林中。

地理分布：兴山县、巴东县、巫山县等。湖北、湖南、广东、广西、重庆、四川、贵州、云南等

保护价值：种子入药，具有祛风补脑的功效，主治头昏目眩等症。木材结构细密，材质良好，为建筑、家具、农具和器具等用材。种子榨油，供工业用油。果形奇特，形似羊角，供观赏。

工程影响：受三峡工程间接影响程度较小。

保护措施：采取就地保护方式加以保护。

图 107

108.掌叶秋海棠　图 108

Begonia hemsleyana Hook. f.

濒危等级： 拟公布的第二批国家级珍稀濒危植物。

隶属科属： 秋海棠科Begoniaceae、秋海棠属*Begonia*。

形态特征： 多年生草本，植株高达50cm。基生叶常2～3枚，掌状复叶；总叶柄长9～12cm；茎生叶总叶柄长3.5～6cm，被淡褐色短毛；掌状复叶，7枚小叶，小叶长圆状披针形或倒卵状披针形，长6～7.5cm，先端渐尖或长尾尖，基部楔形，上面散生硬毛，下面沿脉散生硬毛。花单性，多雌雄异株；粉红色，常4朵，二歧聚伞状；苞片和小苞片膜质，披针形，顶端有刺芒，被短毛；雄花花被片4枚，外面2枚宽卵形或近圆形，长约1cm，内面2枚卵形，长约5mm。蒴果倒卵状球形或椭圆形，长1～1.3cm，具不等3翅，大翅三角形或斜三角形，余2翅短三角形。花期12月，果期次年6月。

生境特点： 生于海拔1000～1300m阴坡潮湿地、疏林下、山谷林内石壁上或溪沟旁。

地理分布： 巴南区等。广西、重庆、四川、云南等。

保护价值： 茎叶清秀，翠绿，花粉红色，作观赏植物。

工程影响： 受三峡工程间接影响程度较小。

保护措施： 严禁采挖野生植株，进行人工繁殖，建立种植基地。

图 108

109.喜树 图 109－1～图 109－3

Camptotheca acuminata Decne.

保护级别： 国家二级重点保护植物。

隶属科属： 蓝果树科Nyssaceae、喜树属 *Camptotheca*。

形态特征： 落叶乔木，植株高达约20m；叶互生，长圆形或椭圆形，长12～28cm，宽6～12cm，先端短尖，基部圆或宽楔形，全缘，幼时上面脉上被柔毛，下面疏生柔毛，侧脉11～15对；叶柄长1.5～3cm。花杂性同株；头状花序，雌花序位上部，雄花序位下部；苞片3枚，卵状三角形，长2.5～3mm；花无梗；花萼杯状，齿状5裂，具缘毛；花瓣5枚，卵状长圆形，长2mm，雄蕊10枚，花丝不等长，外轮长于花瓣，内轮较短，花药4室；子房下位，1室，胚珠下垂，花柱长约4mm，顶端常2裂。头状果序具15～20枚翅果，果长2～2.5cm，顶端具宿存花盘，具狭翅。种子1枚。花期5～6月，果期6～10月。

图 109-1

生境特点： 常栽培于海拔1000m以下村旁、路边或庭院内。

地理分布： 秭归县、巴东县、万州区、涪陵区、江津市等栽培。江苏、安徽、浙江、江西、福建、湖北、湖南、广东、广西、重庆、四川、贵州、云南等。

保护价值： 全株入药，具有抗癌、散结、清热、杀虫的功效，结构细密，均匀，轻软，供食品包装箱、家具、胶合板等用，还作为造纸原料。果实可榨油，供工业用油。树形优美，树姿端直，生长迅速，可作园林绿化树。

工程影响： 受三峡工程影响程度较大。

保护措施： 保护现存植株，采种育苗，建立种植基地。

图 109-2

图 109-3

图 110-1

图 110-2

图 110-3

110.珙桐（鸽子树） 图 110-1～图 110-4

Davidia involucrata Baill.

保护级别：国家一级重点保护植物。

隶属科属：蓝果树科Nyssaceae、珙桐属 *Davidia*。

形态特征：落叶乔木，植株高达25m。叶互生，集生幼枝顶部，宽卵形或圆形，长9～15cm，宽7～12cm，先端骤尖，基部深心形至浅心形，具三角状粗齿，齿端锐减，幼叶上面疏被长柔毛，下面密被淡黄色或淡白色丝状粗毛；叶柄长4～5cm。花杂性同株；常由多数雄花与1枚雌花或两性花组成球形的头状花序，基部具2～3枚大型白色花瓣状苞片，苞片长圆形或倒卵状长圆形，长7～15cm，宽3～5cm；雄花无花萼，无花瓣，雄蕊1～7枚，长6～8mm，花药紫色；雌花及两性花子房下位，6～10室，每室具1枚下垂胚珠，花柱顶端具6～10个分枝，子房顶端具退化花被及雄蕊。核果单生，长圆形，长3～4cm，具黄色斑点及纵沟纹。花期5～6月，果期6～10月。

图 110-4

生境特点：生于海拔1250～2200m山坡林中、林缘或阴湿溪沟旁。

地理分布：夷陵区、秭归县、兴山县、巴东县、巫山县、巫溪县、奉节县、武隆县等。陕西、甘肃、湖北、湖南、重庆、四川、贵州、云南等。

保护价值：第三纪孑遗种，在研究古植物区系和系统发育等具有重要的科学价值。根、叶入药，根具有收敛、止泻的功效；叶抗癌杀虫，主治各种早期癌症。木材结构甚细，均匀，轻软，干燥时不翘裂，供雕刻、玩具及美术工艺品等用。果实榨油，供工业用。根、树皮提取单宁。树姿优美，花序奇特，似白鸽展翅，作观赏树。

工程影响：受三峡工程间接影响程度较小。

保护措施：库区集中分布的地区建立自然保护点，实行就地保护，进行人工繁殖。

图 111-1　　图 111-2　　图 111-3　　图 111-4

111.光叶珙桐 （鸽子树） 图 111-1～图 111-4

Davidia involucrata Baill. var. *vilmoriniana* (Dode) Wanger.

保护级别：国家一级重点保护植物。

隶属科属：蓝果树科Nyssaceae、珙桐属*Davidia*。

形态特征：光叶珙桐是珙桐的变种，其主要区别是：珙桐叶下面密被淡黄或白色丝状粗毛，而光叶珙桐叶下面常无毛或幼时叶脉上被很稀疏的短柔毛及粗毛，有时叶下面被白霜。花期5～6月，果期5～10月。

生境特点：生于海拔1250～2200m山坡林中或阴湿沟边。

地理分布：夷陵区、兴山县、巴东县、巫山县、巫溪县等。陕西、湖北、湖南、重庆、四川、贵州、云南等。

保护价值：第三纪孑遗种，在研究古植物区系和系统发育等具有重要的科学价值。木材材质优良，可做家具。盛花期头状花序下的2枚白色大苞片非常显著，极似展翅白鸽，作观赏树种。

工程影响：受三峡工程间接影响程度较小。

保护措施：个体数量较少，建立自然保护点就地保护。

被子植物

112.假繁缕（假牛繁缕） 图 112-1、图 112-2

Theligonum macranthum Franch.

濒危类别：拟公布的第二批国家级珍稀濒危植物。

隶属科属：假繁缕科Theligonaceae、假繁缕属 *Theligonum* 。

形态特征：多年生草本，植株高达50cm。叶草质，下部叶对生，上部叶互生，卵形、卵状披针形或近椭圆形，长2～5cm，宽1.5～3cm；叶柄长5～18mm，托叶膜质，卵形或卵状三角形，与叶柄基部合生抱茎。花雌雄同株，雄花生于上部，每2朵与叶对生；花萼绿色，萼筒长约2mm，裂片3枚；雄蕊约20枚，花丝极纤细；雌花极小，腋生，子房被毛，柱头舌状。核果卵形，两侧压扁，内有1枚马蹄形种子。花期6～7月，果期10月。

生境特点：生于海拔1700m山谷林下沟旁阴湿处。

地理分布：夷陵区等。湖北、重庆、四川等。

保护价值：对研究三峡库区植物区系有一定的科学价值。

工程影响：受三峡工程间接影响程度较小。

保护措施：严禁采挖野生植株，进行人工繁殖。

图 112-1

图 112-2

113.竹节参　图 113-1、图 113-2

Panax japonicus C. A. Mey.

濒危类别：建议列为三峡库区珍稀濒危植物。

隶属科属：五加科Araliaceae、人参属 *Panax*。

形态特征：多年生草本，植株高达100cm。根状茎竹鞭状，肉质。茎无毛。掌状复叶3～5枚轮生茎端；叶柄长8～11cm，无毛；小叶5枚，膜质，倒卵状椭圆形或长椭圆形，长5～18cm，先端渐尖或长渐尖，基部宽楔形或近圆，具锯齿或重锯齿，两面沿脉疏被刺毛。伞形花序单生茎顶，具50～80朵花，花序梗长12～21cm，无毛或稍被绒毛；花梗长0.7～1.2cm；萼具5小齿，无毛；花瓣5枚，长卵形；雄蕊5枚，花丝较花瓣短；子房2～5室；花柱2～5个，联合至中部。果近球形，直径5～7mm，红色。种子2～5枚，白色，卵球形，长3～5mm，直径2～4mm。花期5～6月，果期7～9月。

生境特点：生于海拔1200～2800m山坡林下或灌丛中。

地理分布：夷陵区、兴山县、巴东县等。陕西、甘肃、青海、安徽、江西、浙江、福建、河南、湖北、湖南、广西、四川、贵州、云南、西藏等。越南、缅甸、尼泊尔、日本、朝鲜等。

保护价值：根状茎、叶入药，具有活血散瘀、消肿止痛、止咳化痰的功效，主治寒湿痹痛、跌打损伤等症。

工程影响：受三峡工程间接影响程度较小。

保护措施：严禁采挖野生植株，采取就地保护方式加以保护。

图 113-1

图 113-2

图 114-1

图 114-2　图 114-3　图 114-4

114.川明参　图 114-1～图 114-4

Chuanminshen violaceum Sheh et Shan

濒危类别：拟公布的第二批国家级珍稀濒危植物。

隶属科属：伞形科Umbelliferae、川明参属*Chuanminshen*。

形态特征：多年生草本，植株高达150cm。直根圆柱形，横断面白色。基生叶多数，叶柄长6～18cm；叶三角状卵形，三出二至三回羽裂，小裂片卵形或长卵形，长2～3cm，2～3裂或齿裂，下面粉绿色。复伞形花序多分枝，直径3～10cm，无总苞片和小总苞片，偶有1～2枚，线形，膜质，早落；伞幅4～8个，极不等长；萼齿窄长三角形；花瓣长椭圆形，紫或淡紫色，小舌片细长内曲，花柱长，果时下弯，花柱基圆锥形。果长椭圆形，顶部窄，背腹扁，背棱和中棱线形突起，侧棱厚；棱槽内有油管2～3个，合生面油管4～6个。花期3～4月，果期5～6月。

生境特点：生于海拔100～800m山谷溪沟边或山坡灌丛中。

地理分布：夷陵区、秭归县、云阳县、万州区等。湖北、重庆、四川等。

保护价值：我国特有单种属植物，在研究三峡库区植物区系等具有一定的科学价值。根入药，具有润肺祛痰、强筋、健胃、补血、消肿、解毒的功效。

工程影响：受三峡工程影响程度较大。

保护措施：野生数量较少，采取就地保护与迁地保护相结合的方式加以保护，人工繁殖。

115.异花珍珠菜　图 115

Lysimachia crispidens (Hance) Hemsl.

濒危类别：拟公布的第二批国家级珍稀濒危植物。

隶属科属：报春花科Primulaceae、珍珠菜属*Lysimachia*。

形态特征：一年生草本，植株高达15cm。基生叶莲座状簇生，叶倒卵形或倒披针形，长2～6cm，先端钝圆或稍尖，基部楔形；茎叶少数，互生或有时近对生，无柄，卵形或披针形，位于茎下部的长1.5～3cm，向上渐小成苞片状。总状花序顶生，花梗长1～2.5cm；花萼裂片披针形，长4～7mm；花冠筒状，淡紫色，长0.8～1.3cm，分裂不过中部，裂片长圆形，先端钝；雄蕊和花柱有长短二型，花丝中部合生成筒或浅杯形。蒴果球形，直径约4mm。花期3～7月，果期6～7月。

生境特点：生于海拔150～650m荒坡草丛中。

地理分布：夷陵区、秭归县、兴山县、巴东县、巫山县等。陕西、湖北、重庆、四川、云南等。

保护价值：对研究三峡库区植物区系等具有一定的科学价值，作观赏植物。

工程影响：受三峡工程影响程度较大。

保护措施：严禁采挖野生植株，采取就地保护和迁地保护相结合的方式加以保护。

图 115

被子植物

116.巴蜀报春[1]（藏报春、香报春、陕藏报春、喜钙报春）图 116

Primula rupestris Ball.f. et Farrer

—*Primula sinensis* Sabine ex Lindl.中国植物志59（2）：50，1990.

濒危类别：拟公布的第二批国家级珍稀濒危植物。

隶属科属：报春花科Primulaceae、报春花属 *Primula*。

形态特征：多年生草本，植株高达20cm。全株被柔毛。叶丛生，叶丛基部有多数残存坚硬的枯叶柄；叶柄长5～15cm，鲜时肥厚多汁；叶卵圆形、椭圆状卵形或近圆形，长3～13cm，先端钝圆，基部心形或近平截，5～9深裂，裂片长圆形，具2～5对缺刻状粗齿。花葶高4～15cm，伞形花序1～2轮，每轮3～14朵花；花萼长0.8～1.5cm，基部膨大成半球形，分裂达全长2/5，裂片三角形或卵形；花冠淡蓝紫或玫瑰红色，冠筒长1～1.4cm，冠檐直径2～3cm，裂片宽倒卵形，先端2深裂。蒴果球形，直径0.9～1cm，宿存花萼长0.8～1cm。花期12月至次年3月，果期2～4月。

生境特点：生于海拔200m阴蔽或湿润石灰石缝中。

地理分布：夷陵区等。陕西、湖北等。

保护价值：叶、花具香味，是珍贵的野生花卉及香料植物，可作盆栽花卉。

工程影响：受三峡工程间接影响程度较大。

保护措施：生长在石岩壁上，资源极稀少，建立巴蜀报春自然保护点，加强就地保护和引种栽培研究。

图 116

[1]《中国高等植物》（第六卷）将巴蜀报春（*Primula rupestris* Ball.f. et Farrer）与藏报春（*Primula sinensis* Sabine ex Lindl.）作为2个独立种处理，《中国植物志》（第五十九卷第二分册）则作为单种处理。

117.长果秤锤树　图 117-1～图 117-4

Changiostyrax dolichocarpus （C. J. Qi）T. Chen

—*Sinojackia dolichocarpus* C. J. Qi 中国植物志 60（2）：145. 1987.

濒危类别：濒危种。

隶属科属：野茉莉科Styracaceae、长果安息香属 *Changiostyrax*。

形态特征：落叶乔木，植株高达12m。鳞芽圆锥状卵形。叶薄纸质，卵状长圆形、椭圆形或卵状披针形，长8～13cm，先端渐尖，基部宽楔形或圆，具锯齿，上面叶脉被星状毛，下面疏被星状长绒毛；叶柄长4～7mm。总状聚伞花序具5～6朵花，花白色；花梗长1.4～2.5cm；萼筒陀螺形，顶端平截；花冠4深裂，椭圆形，长0.9～1.4cm；雄蕊8枚，花丝线形，等长，子房半下位，花柱钻形，长6～8mm，柱头不裂。核果长纺锤形或倒圆锥形，连喙长4.2～8.5cm，具8条棱，密被灰褐色长绒毛及星状毛。花期3～5月，果期6～9月。

图 117-1

生境特点：生于海拔400～800m山坡阔叶林中、林缘、灌丛中或山谷溪边。

地理分布：秭归县等。湖北、湖南等。

保护价值：花黄白色，颇鲜艳，果硕长，形态特殊，可作庭园观赏树。

工程影响：受三峡工程间接影响程度较大。

保护措施：长果秤锤树种子萌发率低，再加上砍伐森林，幸存的植株甚少。除了就地保护外，还应采种繁殖、扩大个体数量。

图 117-2

图 117-3

图 117-4

118.白辛树　图 118-1、图 118-2

Pterostyrax psilophyllus Diels ex Perk.

濒危类别：渐危种。

隶属科属：野茉莉科Styracaceae、白辛树属*Pterostyrax*。

形态特征：落叶乔木，植株高达25m。叶纸质，长椭圆形、倒卵形或倒卵状长圆形，长5～15cm，先端尖或渐尖，基部楔形具细齿，老叶下面灰白色，密被灰色星状绒毛；叶柄长1～2cm。花白色，花萼钟状，萼齿披针形，长约1mm；花冠裂片长椭圆形或椭圆状匙形，长约6mm；雄蕊较花冠长，花丝宽扁，两面被疏绒毛；柱头稍3裂。核果近纺锤形，连喙长约2.5cm，5或10条棱，密被灰黄色丝质长硬毛。花期4～5月，果期8～10月。

生境特点：生于海拔600～2500m山坡或山谷湿润林中。

地理分布：夷陵区、兴山县、巴东县、巫溪县、奉节县等。陕西、安徽、湖北、湖南、广东、广西、重庆、四川、贵州、云南等。

保护价值：材质轻软，纹理细密，加工容易，为一般的器具用材和造纸原料。根皮入药，具有散瘀的功效，主治跌打损伤、劳伤等症。树形雄伟挺拔，生长迅速，花序大，花香叶美，为庭院绿化之优良树种。

工程影响：受三峡工程间接影响程度较大。

保护措施：开花有间歇期，开花后又常因花梗与花萼之间有关节，花落较多，种子萌发力不强，就地保护现存的野生植株，促进幼树生长。

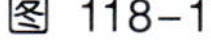

图 118-1

图 118-2

图 119-1

图 119-2

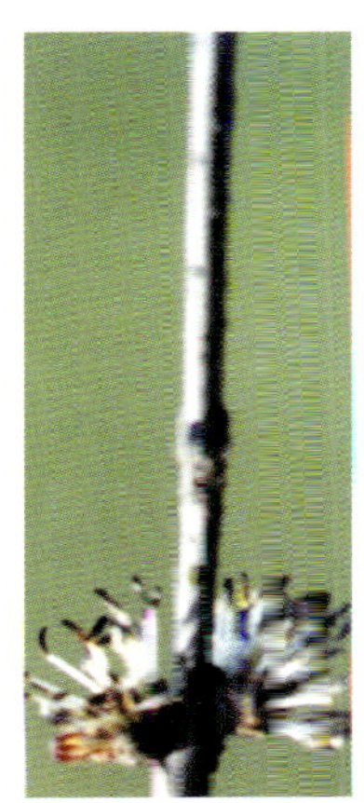

图 119-3

119.湖北梣 （对节白蜡、湖北白蜡） 图 119－1～图 119－3

Fraxinus hupehensis Chü，Shang et Su

濒危类别：拟公布的第二批国家级珍稀濒危植物。

隶属科属：木犀科Oleaceae、梣属*Fraxinus*。

形态特征：落叶大乔木，植株高达19m。营养枝常呈棘刺状。羽状复叶长7～15cm；叶柄长3cm，基部不增厚；叶轴具狭翅，小叶着生处有关节，至少在节上被短柔毛；小叶常7～9枚，革质，披针形至卵状披针形，长1.7～5cm，宽0.6～1.8cm，先端渐尖，基部楔形，叶缘具锐锯齿，下面沿中脉基部被短柔毛，侧脉6～7对；小叶柄长3～4mm，被细柔毛。花杂性，密集簇生于去年生枝上，呈甚短的聚伞圆锥花序，长约1.5cm；两性花花萼钟状，雄蕊2枚，花药长1.5～2mm，花丝较长，长5.5～6mm，雌蕊具长花柱，柱头2裂。翅果匙形，长4～5cm，宽5～8mm，中上部最宽，先端急尖。花期2～3月，果期9月。

生境特点：栽培于海拔1700m山坡林中。

地理分布：夷陵区等栽培。湖北等。

保护价值：树姿优美，枝叶浓密，萌发力强，耐修剪；材质坚实，色泽米黄，不翘不裂，富有弹性，生长快，适应性强，容易繁殖，为优良的速生用材和园林绿化树种。

工程影响：受三峡工程间接影响程度较小。

保护措施：现长势好，适当疏伐幼树周围的高大乔木，加强抚育管理。

120.湖北地黄　图 120

Rehmannia henryi N. E. Brown

濒危类别：建议列为三峡库区珍稀濒危植物。

隶属科属：玄参科Scrophulariaceae、地黄属*Rehmannia*。

形态特征：多年生草本，植株高达40cm。叶片椭圆状矩圆形或匙形，长6～17cm，宽3～8cm，两面均被多细胞长柔毛，边缘具不规则的圆齿，叶片顶部钝圆，基部渐狭成长2～8cm带翅的柄。花单生叶腋，小苞片钻状，1～2枚，长约3mm，与萼同被黄褐色长柔毛，萼长1.8～2.5cm；萼齿卵状披针形，先端钝，长0.8～1.2cm；花冠淡黄色，长5～7cm，筒背腹扁，前端稍膨大，外面被白色柔毛；上唇裂片横矩圆形，长1.3cm；下唇裂片矩圆形，中裂片长1.8cm，侧裂片彼此相等，长1.5cm；花丝基部疏被极短的腺毛；子房无毛，略被腺毛；下托有一环状花盘，柱头圆形。蒴果。花期4～5月。

生境特点：生于海拔400m以下路旁或石缝中。

地理分布：巴东县、兴山县等。湖北等。

保护价值：对研究三峡库区植物区系等具有一定的科学价值；作观赏植物。

工程影响：受三峡工程间接影响程度较大。

保护措施：采取迁地保护与就地保护相结合的方式加以保护。

图 120

图 121-1

图 121-2

121.岩白菜（崖白菜、呆白菜）图 121-1～图 121-3
Triaenophora rupestris (Hemsl.) Solereder

保护级别：国家二级重点保护植物。

隶属科属：玄参科Scrophulariaceae、呆白菜属 *Triaenophora*。

形态特征：多年生草本，植株高达50cm。植物体密被白色绵毛。叶卵状矩圆形、长椭圆形，长7～13cm。总状花序；小苞片条形，着生于花梗中部；花两性，萼筒状，5齿裂；花冠紫红色，狭筒状，二唇形，长约4cm，外面被多细胞长柔毛，上唇裂片宽卵形，下唇裂片矩圆状卵形；雄蕊4枚，2强；子房卵形，花柱稍超过雄蕊，先端2裂，裂片近圆形。蒴果矩圆形；种子小，矩圆形。花期7～9月。

生境特点：生于海拔290～1200m悬崖上。

地理分布：夷陵区、秭归县、兴山县、巴东县、万州区等。湖北、重庆等。

保护价值：全草入药，具有明目补肾的功效，主治妇科大出血等症。

工程影响：受三峡工程间接影响程度较大。

保护措施：由于其药用价值较高而大量采挖，就地保护野生资源，进行人工繁殖，建立种植基地。

图 121-3

122. 丰都车前　图 122-1、图 122-2

Plantago fengdouensis (Z. E. Zhao et Y. Wang) Y. Wang et Z. Y. Li

濒危类别： 建议列为三峡库区珍稀濒危植物。

隶属科属： 车前科Plantaginaceae、车前属 *Plantago* 。

形态特征： 多年生草本，植株高达30cm。叶片薄纸质，披针形或倒披针形，长5～12cm，宽1.5～3cm，具牙齿或羽状锐裂，基生3出脉。穗状花序细圆柱状，苞片三角状卵形；花萼长约2mm；花冠裂片狭三角形，长约1mm；花丝着生于冠筒近基部；花柱长4～7mm。蒴果纺锤状椭圆球形，长3mm，近中部周裂。种子腹面具1个纵槽，花期3～4月。

图 122-1

生境特点： 生于海拔140～180m江滩上。

地理分布： 忠县、丰都县、涪陵区、长寿区、巴南区、江津市等。重庆等。

保护价值： 在研究三峡库区植物区系等方面具有一定的科学价值。

工程影响： 受三峡工程影响程度较大。

保护措施： 实行迁地保护，目前已在武汉植物园定植。

图 122-2

图 123-1

图 123-2

123.香果树（香果茶） 图 123-1～图 123-3

Emmenopterys henryi Oliv.

保护级别：国家二级重点保护植物。

隶属科属：茜草科Rubiaceae、香果树属*Emmenopterys*。

形态特征：落叶大乔木，植株高达30m。叶宽椭圆形、宽卵形或卵状椭圆形，对生，长6～30cm，先端短尖或骤尖，基部楔形；叶柄长2～8cm，托叶三角状卵形；早落。萼筒长约4mm，萼裂片近圆形，叶状萼裂片白、淡红或淡黄色，纸质或革质，匙状卵形或宽椭圆形，长1.5～8cm；花冠漏斗形，白或黄色，长2～3cm，被黄色绒毛，裂片近圆形，长约7mm；花丝被绒毛。蒴果长圆状卵形或近纺锤形，长3～5cm，有纵棱。种子小而有宽翅。花期6～8月，果期8～11月。

生境特点：常生于海拔400～1500m山沟或山坡谷地阔叶林中。

地理分布：夷陵区、秭归县、兴山县、巴东县、巫山县、巫溪县、奉节县、万州区、武隆县等。陕西、甘肃、江苏、安徽、浙江、江西、福建、河南、湖北、湖南、广西、重庆、四川、贵州、云南等。

图 123-3

保护价值：香果树为我国特有单种属植物，对研究茜草科系统发育和三峡库区植物区系等具有一定的科学价值。树皮纤维制蜡纸及人造棉。木材纹理直，结构细，作建筑、家具等材料。树姿优美，花萼片扩大成白色花瓣状，衬托淡黄色花冠，花大而艳丽，为优良的观赏植物。

工程影响：受三峡工程间接影响程度较大。

保护措施：种子萌发力较低，天然更新能力差，保护母树，大力采种育苗，营造以香果树为主的混交林。

124.双盾木 （狗骨头、双木盾） 图 124

Dipelta floribunda Maxim.

濒危类别：建议列为三峡库区珍稀濒危植物。

隶属科属：忍冬科Caprifoliaceae、双盾木属 *Dipelta*。

形态特征：落叶灌木，植株高达5m。叶卵状披针形或卵形，长4～10cm，全缘；叶柄长0.6～1.4cm。聚伞花序簇生；苞片线形，被微柔毛，早落；2对小苞片紧贴萼筒的1对盾片，宿存而增大，下方1对一前一后，1枚卵形，基部宽，紧包花梗，长1cm，另1枚窄椭圆形，长6mm；萼筒疏被硬毛，萼檐几裂至基部，萼齿线形，长6～7mm，全被小苞片所包，宿存；花冠粉红色，长3～4cm，冠筒中部以下细圆柱形，上部钟形，稍二唇形，裂片圆形或长圆形，长约5mm，下唇喉部桔黄色；花柱丝状，无毛。核果具棱角，连同萼齿为宿存而增大盾形小苞片所包被。花期4～7月，果期8～9月。

生境特点：生于海拔650～2200m山坡杂木林下或灌丛中。

地理分布：夷陵区、兴山县、巴东县等。陕西、甘肃、湖北、湖南、重庆、四川、贵州等。

保护价值：花较大，淡红色，颇艳丽，可作观赏植物。

工程影响：受三峡工程间接影响程度较大。

保护措施：采取就地保护方式加以保护。

图 124

图 125-1

图 125-2

图 125-3

图 125-4

125.七子花　图 125-1～图 125-4

Heptacodium miconioides Rehd.

保护级别：国家二级重点保护植物。

隶属科属：忍冬科Caprifoliaceae、七子花属*Heptacodium*。

形态特征：落叶灌木，植株高达3m。叶对生，厚纸质，卵形或长圆状卵形，长8～15cm，先端长尾尖，全缘，近基部3出脉；叶柄长1～2cm，无托叶。顶生圆锥花序具多轮头状聚伞花序，每轮具1对3花聚伞花序及顶生单花，计7朵花；总苞片卵形，宿存；萼筒陀螺状，萼檐5裂，裂片长椭圆形，花后增大宿存；花冠白色，筒状漏斗形，长1～1.5cm，冠筒稍弯曲，5裂，裂片长椭圆形；雄蕊5枚；子房3室，柱头盘状。核果，长椭圆形，长1～1.5cm，具10条棱。种子1枚，近圆柱形。花期7～9月，果期10～11月。

生境特点：生于海拔600～1700m山坡溪边灌丛中、竹林缘或常绿阔叶林缘。

地理分布：兴山县、巴东县等野生，夷陵区等栽培。安徽、浙江、湖北等。

保护价值：七子花是我国特有的单种属植物，对研究忍冬科系统发育具有重要的科学价值。也是优良的观赏树木。

工程影响：受三峡工程间接影响程度较大。

保护措施：严禁砍伐森林，就地保护野生植株，进行人工繁殖。植物园引种栽培。

126. 蝟实 图 126-1、图 126-2

Kolkwitzia amabilis Graebn.

濒危类别：稀有种。

隶属科属：忍冬科Caprifoliaceae、蝟实属*Kolkwitzia*。

形态特征：落叶灌木，植株高达3m。叶对生，椭圆形或卵状椭圆形，长3～8cm，全缘；叶柄长1～2mm，无托叶。2朵花聚伞花序组成伞房状，苞片2枚，披针形；萼筒密被刚毛，上部溢缩成颈，5裂，裂片钻状披针形，有绒毛；花冠淡红色，钟状，长1.5～2.5cm，5裂，裂片被绒毛，2枚裂片稍宽短，内有黄色斑纹；雄蕊4枚，2强；子房3室，1室发育，1枚胚珠，花柱有绒毛，柱头圆。2枚瘦果状核果合生，密被黄色刺刚毛，顶端角状，萼齿宿存。花期5～6月，果期7～9月。

生境特点：生于海拔350～1700m山坡林下、灌丛中或路旁。

地理分布：兴山县、巴东县、巫山县、巫溪县等。山西、陕西、甘肃、安徽、河南、湖北等。

保护价值：由于蝟实形态特殊，对研究三峡库区植物区系和忍冬科系统发育等具有一定的科学价值。蝟实花序紧簇，果型奇特，作观赏树种。

工程影响：受三峡工程间接影响程度较大。

保护措施：植被破坏严重，致使生境恶化，天然更新不良，植株日趋减少。就地保护野生植株，人工繁殖栽培。

图 126-1

图 126-2

127.绞股蓝 图 127

Gynostemma pentaphyllum (Thunb.) Makino

保护级别：拟公布的国家二级重点保护植物。

隶属科属：葫芦科Cucurbitaceae、绞股蓝属 *Gynostemma*。

形态特征：草质攀援藤本。鸟足状复叶，具5～7枚小叶，叶柄长3～7cm；小叶膜质或纸质，卵状长圆形或披针形，中央小叶长3～12cm，宽1.5～4cm，具波状齿或圆齿状牙齿，两面疏被硬毛；小叶柄，长1～5mm。雌雄异株；雄圆锥花序长10～15cm；花梗长1～4mm，具钻状小苞片；花萼5裂，裂片三角形；花冠淡绿或白色，5深裂，裂片卵状披针形，具缘毛状细齿；雄蕊5枚，花丝短而合生；雌圆锥花序较小；子房球形；退化雄蕊5枚。浆果球形，直径5～6mm。花期3～11月，果期4～12月。

生境特点：生于海拔300～2200m山谷密林下、山坡疏林下、灌丛中或路旁草丛中。

地理分布：夷陵区、秭归县、兴山县、巴东县、奉节县、万州区、石柱县、武隆县、江津市等 陕西、甘肃、江苏、安徽、浙江、江西、福建、河南、湖北、湖南、广东、海南、广西、重庆、四川 贵州、云南、西藏等。印度、尼泊尔、锡金、孟加拉国、东南亚、朝鲜半岛、日本等。

保护价值：全草入药，具有降血脂、降血糖、抗癌、抗疲劳、镇静、催眠、消炎解毒等功效，主治慢性气管炎、传染性肝炎、肾盂炎等症。

工程影响：受三峡工程间接影响程度较大。

保护措施：严禁过度采挖野生植株，就地保护野生资源，进行人工繁殖，建立种植基地。

图 127

128.螃蟹七（白南星、红南星、郎毒、虎掌南星） 图 128-1、图 128-2

Arisaema fargesii Buchet

濒危类别：建议列为三峡库区珍稀濒危植物。

隶属科属：天南星科Araceae、天南星属 *Arisaema* 。

形态特征：多年生草本，植株高达70cm。块茎扁球形，直径3～5cm，常具有多数小球茎。叶柄长20～40cm，下部具鞘；叶片3深裂至3全裂，全缘；中裂片近菱形、卵状长圆形至卵形，全长12～32cm，宽9～27cm，先端急尖，基部短楔形或与侧裂片联合；侧裂片斜椭圆形，外侧较宽，半卵形，长9～23cm，宽6～16cm。雌雄异株；花序柄长18～26cm；佛焰苞紫色，有苍白色条纹，全长10～20cm，筒部长4～8cm，长尾尖；雄花序长2.5～3cm，圆柱形；雌花序长2cm，花密生；各附属器伸长，圆锥状，长4.5～9cm，近直立或上部略弯。花期5～6月。

图 128-1

生境特点：生于海拔600～1600m山坡林下或灌丛中多石处。

地理分布：秭归县、兴山县、巴东县、巫溪县、云阳县等。甘肃、重庆、四川等。

保护价值：块茎入药，主治跌打损伤、风湿性关节炎、四肢麻木等症。

工程影响：受三峡工程间接影响程度较大。

保护措施：严禁过度采挖野生植株，保护其生长环境，药园等引种栽培。

图 128-2

129.湖北百合　图 129

Lilium henryi Baker

濒危类别：建议列为三峡库区珍稀濒危植物。

隶属科属：百合科Liliaceae、百合属 *Lilium*。

形态特征：多年生草本，植株高达200cm。鳞茎近球形；鳞片长圆形，先端尖，长3.5～4.5cm，白色。茎具紫色条纹。叶2型；中、下部叶长圆状披针形，长7.5～15cm，宽2～2.7cm，有3～5脉，全缘，柄长约5mm；上部叶卵圆形，长2～4cm，宽1.5～2.5cm。总状花序具2～12朵花；苞片卵圆形，叶状，长2.5～3.5cm；花被片披针形，反卷，橙色，疏生黑色斑点，长5～7cm，宽达2cm，全缘，蜜腺两侧具多数流苏状突起；花丝钻状，长4～4.5cm，花药深桔红色；子房长1.5cm，花柱长5cm，柱头稍膨大，微3裂。蒴果长圆形，长4～4.5cm，成熟时褐色。花期7月，果期8～9月。

生境特点：生于海拔700～1000m山坡岩石上。

地理分布：巴东县等。江西、福建、河南、湖北、重庆、四川、贵州等。

保护价值：鳞茎入药，具有解毒、消肿的功效；花美丽，作观赏植物。

工程影响：受三峡工程间接影响程度较大。

保护措施：严禁不合理采挖野生植株，实行就地保护，加强人工繁殖。

图 129

130.延龄草（头顶一颗珠）　图 130-1、图 130-2

Trillium tschonoskii Maxim.

濒危类别：渐危种。

隶属科属：百合科Liliaceae、延龄草属 *Trillium* 。

形态特征：多年生草本，植株高达50cm。茎簇生于粗短根状茎上。叶菱状圆形或菱形，长6～15cm，宽5～15cm；近无柄。花梗长1～4cm；萼片卵状披针形，长1.5～2cm，宽5～9mm，绿色；花瓣卵状披针形，长1.5～2.2cm，宽4～6mm，常白色；花药长3～4mm，短于花丝或与花丝近等长，顶端有稍突出的药隔；子房圆锥状卵形，长7～9mm，直径5～7mm；花柱长4～5mm。浆果圆球形，直径1.5～1.8cm，成熟时黑紫色。种子多数。花期4～5月，果期7～8月。

生境特点：生于海拔1000～2800m山谷林下阴湿处。

地理分布：夷陵区、秭归县、兴山县、巴东县、巫山县、巫溪县、开县、万州区等。陕西、甘肃、安徽、浙江、福建、河南、湖北、重庆、四川、云南、西藏等。锡金、不丹、印度、朝鲜、日本等。

保护价值：对研究延龄草属(*Trillium*)系统位置以及植物区系等具有一定的科学价值。根、根状茎入药，有小毒，具有止血镇痛、解毒、祛风湿、消肿的功效，主治眩晕头痛、高血压、神经衰弱等症。

工程影响：受三峡工程间接影响程度较小。

保护措施：种子休眠期长，自然繁殖系数低，过度采挖，致使野生资源逐年减少。在延龄草分布集中地区建立自然保护点，植物园引种栽培。

图 130-1

图 130-2

131.穿龙薯蓣 （穿地龙） 图 131

Dioscorea nipponica Makino

保护级别：国家二级重点保护植物。

隶属科属：薯蓣科Dioscoreaceae、薯蓣属 *Dioscorea*。

形态特征：缠绕草质藤本。根状茎横生，栓皮片状剥离。茎左旋。叶掌状心形，长10～15cm，不等大三角状浅裂、中裂或深裂，顶端叶片近全缘，下面无毛或被疏毛。雄花无梗，常2～4朵花簇生，集成小伞状花序，花序顶端常为单花；花被碟形，顶端6裂，雄蕊6枚；雌花序穗状，常单生。蒴果长1.5～2cm，宽0.6～1cm；每室2枚种子，生于果轴基部。种子四周有不等宽的薄膜状翅，上方呈正方形，长约2倍于宽。花期6～8月，果期8～10月。

生境特点：生于海拔100～1700m山坡灌丛中、疏林内或林缘。

地理分布：夷陵区、秭归县、兴山县、巫山县、巫溪县、开县、万州区、石柱县、丰都县、涪陵区等。黑龙江、辽宁、河北、内蒙古、陕西、宁夏、甘肃、青海、山东、安徽、浙江、江西、河南、湖北、重庆、四川等。日本、朝鲜、俄罗斯等。

保护价值：根状茎入药，具有散瘀止痛、活血舒筋、止咳平喘等功效，主治跌打损伤、腰腿疼痛、疔疮肿毒等症。根状茎含薯蓣皂甙元，是合成甾体激素的重要原料，还作杀虫剂；含淀粉，供制浆糊、酿酒、糕点。

工程影响：受三峡工程影响程度较大。

保护措施：采取就地保护与迁地保护相结合的方式加以保护。

图 131

132.盾叶薯蓣（黄姜、火头根） 图 132

Dioscorea zingiberensis C. H. Wright

保护级别：国家二级重点保护植物。

隶属科属：薯蓣科Dioscoreaceae、薯蓣属*Dioscorea*。

形态特征：缠绕草质藤本。根状茎横生。茎左旋，在分枝和叶柄基部两侧微突起或有刺。叶厚纸质，三角状卵形、心形或箭形，常3浅裂或3深裂，中裂片三角状卵形或披针形，两侧裂片圆耳状或长圆形，常有不规则斑块；叶柄盾状着生。雄花无梗，2～3朵簇生，在花序轴上排成穗状，花序单一或分枝，每簇花仅1～2朵发育，基部常有膜质苞片3～4枚；花被片6枚，平展，紫红色，长1.2～1.5mm，宽2.5～3.5mm；雄蕊6枚，着生花托边缘；雌花序与雄花序近似，雌花具花丝状退化雄蕊。蒴果三棱状，棱成翅状；长宽相等，每室2枚种子，着生果轴中部，种子四周有薄膜状翅。花期5～8月，果期9～10月。

生境特点：生于海拔100～1500m山坡疏林中、林缘或沟谷石隙中。

地理分布：夷陵区、秭归县、兴山县、巴东县、巫山县、巫溪县、奉节县、云阳县、开县、万州区、忠县、武隆县、涪陵区等。陕西、甘肃、河南、湖北、湖南、重庆、四川等。

保护价值：根状茎入药，有毒，具有解毒消肿的功效，主治皮肤急性化脓性感染、软组织损伤、阑尾炎等症。根状茎含薯蓣皂甙元，量高质优，为制造甾体激素药物的重要原料。

工程影响：受三峡工程影响程度较大。

保护措施：采取就地保护与迁地保护相结合的方式加以保护。

图 132

133.黄花鸢尾　图 133

Iris wilsonii C. H. Wright

濒危类别： 建议列为三峡库区珍稀濒危植物。

隶属科属： 鸢尾科Iridaceae、鸢尾属*Iris*。

形态特征： 多年生草本，植株高达80cm。根状茎粗壮，斜伸。叶基生，灰绿色，宽线形，长25～55cm，宽5～8mm。花茎中空，高50～60cm；苞片3枚，披针形，包2花；花黄色，直径5～7cm；花被筒长0.5～1.2cm；外花被裂片长6～6.5cm，宽3.5～4cm，有褐色条纹及斑点，爪部两侧有紫褐色耳状附属物，内花被裂片倒披针形，长4.5～5cm；雄蕊长约3.5cm；花柱分枝，深黄色，顶端裂片钝三角形，子房绿色。蒴果椭圆状，长3～4cm。种子棕褐色，扁平，半圆形。花期7月，果期8～9月。

生境特点： 生于海拔1200～2800m山坡草丛、林缘草地或河边、沟边湿地。

地理分布： 兴山县、巴东县等。陕西、甘肃、河南、湖北、重庆、四川、云南等。

保护价值： 根状茎入药，主治急性咽喉炎、四肢麻木疼痛、疮疖肿毒等症。花美丽，可供观赏

工程影响： 受三峡工程间接影响程度较小。

保护措施： 严禁砍伐森林，保护其生态环境，建立自然保护点，实行就地保护。植物园或药园引种栽培。

图 133

134.金线兰　图 134

Anoectochilus roxburghii (Wall.) Lindl.

保护级别：拟公布的国家二级重点保护植物。

隶属科属：兰科Orchidaceae、开唇兰属*Anoectochilus*。

形态特征：多年生地生兰，植株高达18cm。茎具3～4枚叶。叶卵圆形或卵形，长1.3～3.5cm，上面暗紫或黑紫色，具金红色脉网，下面淡紫红色，基部鞘状抱茎。花序具2～6朵花，长3～5cm，花序轴淡红色，花序轴均被柔毛；花白或淡红色；萼片被柔毛；中萼片卵形，舟状，长约6mm，宽2.5～3mm，与花瓣粘贴呈兜状；侧萼片张开，近斜长圆形或长圆状椭圆形，长7～8mm；花瓣近镰状；唇瓣前部2裂，中部爪长4～5mm，两侧各具6～8条长4～6mm流苏状细裂条，基部具圆锥状距；距长5～6mm，距内近口具2枚肉质胼胝体。花期9～11月。

生境特点：生于海拔200～1600m山坡林下。

地理分布：涪陵区等。浙江、江西、福建、湖南、广东、海南、广西、重庆、四川、云南、西藏等。日本、泰国、老挝、印度、不丹、尼泊尔、孟加拉国等。

保护价值：全草入药，具有消炎止痛、清热解毒的功效，主治腰膝痛、吐血、遗精等症。植株小巧，叶色美丽，耐阴性强，盆栽供观赏。

工程影响：受三峡工程间接影响程度较大。

保护措施：严禁砍伐森林和采挖植株，人工繁殖栽培，植物园等引种栽培。

图 134

135.黄花白及　图 135-1、图 135-2

Bletilla ochracea Schltr.

保护级别：拟公布的国家二级重点保护植物。

隶属科属：兰科Orchidaceae　白及属 *Bletilla*。

形态特征：多年生地生兰，植株高达55cm。假鳞茎扁斜卵形。茎常具4枚叶。叶长圆状披针形，长8～35cm，宽1.5～2.5cm。花序具3～8朵花；苞片长圆状披针形，长1.8～2cm；花常黄色；萼片与花瓣近等长，长圆形，长1.8～2.3cm，外面常具细紫点；唇瓣白或淡黄色，椭圆形，长1.5～2cm，基部以上3裂；侧裂片斜长圆形，直立，合抱蕊柱，先端钝，几不伸至中裂片；中裂片近正方形，边缘微波状，先端微凹；唇盘具5条脊状褶片，褶片在中裂片波状；蕊柱长1.5～1.8cm。蒴果圆柱形，长[illegible]～3cm，具6条纵棱。花期6～7月，果期7～9月。

生境特点：生于海拔300～1400m山坡林下、草丛中或沟边。

地理分布：夷陵区、兴山县、巴东县、奉节县、万州区等。陕西、甘肃、河南、湖北、湖南、广东、广西、重庆、四川、贵州、云南等。

保护价值：假鳞茎入药，具有补肺止血、消肿生肌的功效，主治肺结核咳血、支气管扩张咯血、胃溃疡出血等症；外用于创伤出血、烫火伤。花可供观赏。

工程影响：受三峡工程间接影响程度较大。

保护措施：采取就地保护方式，人工繁殖幼苗。

图 135-1

图 135-2

136.白及　图 136

Bletilla striata (Thunb. ex A. Murray) Rchb. f.

保护级别：拟公布的国家二级重点保护植物。

隶属科属：兰科Orchidaceae、白及属 *Bletilla*。

形态特征：多年生地生兰，植株高达60cm。假鳞茎扁球形。茎粗壮。叶4～6枚。窄长圆形或披针形，长8～29cm，宽1.5～4cm。花序具3～10朵花；花紫红或淡红色；萼片和花瓣近等长，窄长圆形，长2.5～3cm；唇瓣倒卵状椭圆形，长2.3～2.8cm，白色带紫红色；唇盘具5条纵褶片，从基部伸至中裂片近顶部，侧裂片直立，合抱蕊柱，先端稍钝，宽1.8～2.2cm，伸达中裂片1/3；中裂片倒卵形或近四方形，长约8mm，宽约7mm，先端凹缺，具波状齿；蕊柱长1.8～2cm。蒴果圆柱形，具6条纵棱。花期4～5月，果期7～9月。

生境特点：生于海拔300～2000m山坡林下、路边草丛中或岩石缝中。

地理分布：夷陵区、秭归县、兴山县、巴东县、巫山县、巫溪县、万州区等。陕西、甘肃、江苏、安徽、浙江、江西、福建、河南、湖北、湖南、广东、香港、广西、重庆、四川、贵州等。朝鲜半岛、日本等。

保护价值：假鳞茎入药，具有收敛止血、消肿生肌、补肺止血、润肺行气的功效，主治肺病咯血、衄血、痈疽肿毒等症；外用治外伤出血、烧烫伤。花可供观赏。

工程影响：受三峡工程间接影响程度较大。

保护措施：严禁不合理采挖野生植株，植物园、药园引种栽培。

图 136

137.广东石豆兰　图 137-1、图 137-2

Bulbophyllum kwangtungense Schltr.

保护级别：拟公布的国家二级重点保护植物。

隶属科属：兰科Orchidaceae、石豆兰属 *Bulbophyllum*。

形态特征：多年生附生兰，植株高达10cm。假鳞茎疏生，圆柱形，顶生1枚叶。叶长圆形，长约2.5cm，先端稍凹缺；几无柄。花葶高出叶外，花序梗直径约0.5mm；总状花序伞状，具2~4朵花，花白或淡黄色；萼片离生，披针形，长0.8~1cm，中部以上两侧内卷；侧萼片比中萼片稍长；花瓣卵状披针形，长4~5mm，宽约0.4mm，全缘；唇瓣肉质，披针形，长约1.5mm，宽0.4mm，上部具2~3条小脊突，在中部以上合成1条较粗的脊；蕊柱足长约0.5mm，蕊柱齿牙齿状，长约0.2mm。花期5~8月。

生境特点：生于海拔400~1000m山坡林下岩石上。

地理分布：秭归县、兴山县、巴东县等。浙江、江西、福建、湖北、湖南、广东、香港、广西、贵州、云南等。

保护价值：全草入药，具有滋阴降火、清热消肿的功效，主治咽喉肿痛、百日咳、肺结核、支气管炎等症。

工程影响：受三峡工程间接影响程度较大。

保护措施：严禁砍伐森林和过量采挖野生植株。实行就地保护，人工繁殖幼苗。

图 137-1

图 137-2

138.藓叶石豆兰（藓叶卷瓣兰） 图 138

Bulbophyllum retusiusculum Rchb. f.

保护级别：拟公布的国家二级重点保护植物。

隶属科属：兰科Orchidaceae、石豆兰属 *Bulbophyllum*。

形态特征：多年生附生兰，植株高达10cm。假鳞茎彼此相距1～3cm，窄卵形或卵状圆锥形，长0.5～2.5cm，直径4～13mm，顶生1枚叶。叶狭矩圆形，长1.6～8cm，宽4～18mm，常先端微凹。伞形花序具4～7朵花；花黄色，常具淡紫红色脉纹；中萼片卵状矩圆形，长3～3.5mm，宽1.5～2mm，全缘；侧萼片披针形，长1.1～2.1cm，基部扭转而上下侧边缘彼此粘合，仅先端分离，宽1.5～3mm；花瓣卵形，黄色带紫色脉纹，长2.5～3mm，宽1.7～1.9mm，先端钝，边缘稍具缘毛；唇瓣与蕊柱足连接而成活动的关节，肉质，舌形，明显下弯，长约3mm，无毛；蕊柱齿三角状披针形，先端锐尖；蕊柱足末端上弯，离生部分长1mm。花期9～12月。

生境特点：生于600～2800m山坡岩石上或树干上。

地理分布：石柱县等。甘肃、台湾、湖北、湖南、广东、海南、重庆、四川、云南、西藏等。喜马拉雅、印度、中南半岛。

保护价值：叶形优美，花色鲜艳，小型，盆栽供观赏。

工程影响：受三峡工程间接影响程度较大。

保护措施：采取就地保护方式加以保护。

图 138

139.泽泻虾脊兰　图 139-1、图 139-2

Calanthe alismaefolia Lindl.

保护级别：拟公布的国家二级重点保护植物。

隶属科属：兰科Orchidaceae、虾脊兰属*Calanthe*。

形态特征：多年生地生兰，植株高达50cm。叶椭圆形或卵状椭圆形，长10～14cm；叶柄纤细。苞片宿存，宽卵状披针形，边缘波状。花白色，或带淡紫色；萼片近倒卵形，长约1cm，背面被黑褐色糙伏毛；花瓣近菱形，长8mm；唇瓣与蕊柱翅合生，3裂；侧裂片线形或窄长圆形，长约8mm，宽2mm，先端圆钝，两侧裂片之间具数个瘤状突起，密被灰色长毛；中裂片扇形，较侧裂片大，先端近平截，2深裂；距圆筒形，长约1cm；蕊喙2裂，裂片近长圆形；花药帽前端窄，先端平截。花期6～7月。

生境特点：生于海拔400～1700m山坡林下。

地理分布：秭归县、兴山县、巴东县、云阳县等。台湾、湖北、湖南、广西、重庆、四川、云南、西藏等。锡金、印度、越南、日本等。

保护价值：全草入药，具有清热解毒、散瘀止痛的功效，主治跌打损伤、腰痛等症；还作观赏植物。

工程影响：受三峡工程间接影响程度较大。

保护措施：采取就地保护方式，人工繁殖幼苗。

图 139-1

图 139-2

140.流苏虾脊兰　图 140

Calanthe alpina Hook. f. ex Lindl.

保护级别：拟公布的国家二级重点保护植物。

隶属科属：兰科Orchidaceae、虾脊兰属*Calanthe*。

形态特征：多年生地生兰，植株高达50cm。假茎具3枚叶和3枚鞘。花期叶全放，叶椭圆形或倒卵状椭圆形，长11～26cm，先端短尖；具鞘状短柄。花葶从叶丛中抽出，高出叶外，疏被短毛，花序花疏生；苞片宿存，窄披针形；萼片和花瓣白色，先端带绿色或淡紫堇色，先端芒尖；中萼片近椭圆形，长1.5～2cm；侧萼片卵状披针形；花瓣似萼片，较窄，唇瓣白色，后部黄色，前部具紫红色条纹，与中部以下的蕊柱翅合生，半圆状扇形，宽1.5cm，前缘具流苏，先端稍凹具细尖；距圆筒形，淡黄或淡紫堇色，长约3.5cm；蕊柱白色，长约8mm，蕊喙2裂；花药帽前端窄。花期6～9月，果期11月。

生境特点：生于海拔1200～2800m山地林下或草坡上。

地理分布：巴东县、巫溪县、万州区等。陕西、甘肃、台湾、湖北、湖南、重庆、四川、云南、西藏等。锡金、日本等。

保护价值：假鳞茎、根入药，具有清热解毒、散瘀止痛的功效，主治胃溃疡、急性胃扩张、慢性肝炎等症。盆栽供观赏。

工程影响：受三峡工程间接影响程度较小。

保护措施：采取就地保护方式加以保护。

图 140

141.剑叶虾脊兰　图 141-1～图 141-3

Calanthe davidii Franch.

保护级别：拟公布的国家二级重点保护植物。

隶属科属：兰科Orchidaceae、虾脊兰属*Calanthe*。

形态特征：多年生地生兰，植株高达80cm。叶剑形或弯形，长达65cm，宽1.5～3cm。花葶远高出叶外，密被短毛；花序密生多花；苞片宿存，反折，窄披针形，背面被毛；花黄绿、白或有时带紫色；萼片近椭圆形，长6～9mm；花瓣窄长圆状倒披针形，与萼片等长，宽1.8～2.2mm，具爪，唇瓣宽三角形，与蕊柱翅合生，3裂；侧裂片长圆形、镰状长圆形或卵状三角形，先端斜截或钝；中裂片2裂，裂片近长圆形，向外叉开，先端斜平截；唇盘具3条鸡冠状褶片；距圆筒形，镰状弯曲，被毛；蕊柱长约3mm，蕊喙2裂，裂片近方形。花期6～7月。

生境特点：生于海拔500～2800m山谷、溪边或林下。

地理分布：夷陵区、秭归县、兴山县、巴东县、长寿区等。陕西、甘肃、安徽、台湾、河南、湖北、湖南、重庆、四川、贵州、云南、西藏等。

保护价值：假鳞茎、根入药，具有清热解毒、散瘀止痛的功效，主治胃溃疡、急性胃扩张、慢性肝炎等症。

工程影响：受三峡工程间接影响程度较大。

保护措施：严禁砍伐森林和不合理采挖野生植株，人工繁殖幼苗。

图 141-1

图 141-2

图 141-3

142.虾脊兰　图 142

Calanthe discolor Lindl.

保护级别：拟公布的国家二级重点保护植物。

隶属科属：兰科Orchidaceae、虾脊兰属*Calanthe*。

形态特征：多年生地生兰，植株高达40cm。叶倒卵状长圆形或椭圆形，长25cm，宽4～9cm，下面被毛；叶柄长4～9cm。花葶高出叶外，密被毛，花序疏生约10余朵花；苞片宿存，卵状披针形，长4～7mm；萼片和花瓣褐紫色；中萼片稍斜椭圆形，长1.1～1.3cm；侧萼片与中萼片等大；花瓣近长圆形或倒披针形，宽约4mm，无毛；唇瓣白色，扇形，与蕊柱翅合生，与萼片近等长，3裂；侧裂片镰状倒卵形，先端稍向中裂片内弯，基部约1/2贴生蕊柱翅外缘；中裂片倒卵状楔形，先端深凹；唇盘具3条膜状褶片；距圆筒形，长0.5～1cm；蕊柱翅下延至唇瓣基部，蕊喙2裂，裂片尖齿状。花期4～5月。

生境特点：生于海拔780～1500m山坡或山谷常绿阔叶林下。

地理分布：秭归县、兴山县、巴东县等。江苏、浙江、福建、湖北、湖南、广东、贵州等。日本、朝鲜半岛等。

保护价值：假鳞茎入药，具有散结、解毒、活血、舒筋的功效。

工程影响：受三峡工程间接影响程度较小。

保护措施：采取就地保护方式，人工繁殖幼苗。

图 142

143.钩距虾脊兰　图 143-1、图 143-2

Calanthe graciliflora Hayata

保护级别：拟公布的国家二级重点保护植物。

隶属科属：兰科Orchidaceae、虾脊兰属*Calanthe*。

形态特征：多年生地生兰，植株高达50cm。叶椭圆形或椭圆状披针形，长达33cm，两面无毛；叶柄长达10cm。萼片和花瓣背面褐色，内面淡黄色；中萼片近椭圆形，长1～1.5cm；侧萼片近似中萼片较窄；花瓣倒卵状披针形，长0.9～1.3cm，宽3～4mm，具短爪；唇瓣白色，3裂；侧裂片斜卵状楔形，与中裂片近等大，基部约1/3贴生蕊柱翅外缘，先端圆钝或斜截；中裂片近方形或倒卵形，长约4mm，先端近平截，稍凹，具短尖；唇盘具4个褐色斑点和3条肉质脊突，延伸至中裂片中部，末端三角形隆起；距圆筒形，长约1cm，常钩曲，内外均被毛；蕊柱翅下延至唇瓣基部与唇盘两侧脊突相连；蕊喙2裂，裂片三角形。花期3～5月。

图 143-1

生境特点：生于海拔1300～1400m溪谷林荫下、湿地或腐殖土中。

地理分布：夷陵区、兴山县、巴东县、巫溪县等。安徽、浙江、江西、福建、台湾、湖北、湖南、广东、香港、广西、重庆、四川、贵州、云南等。

保护价值：全草入药，具有活血、止痛的功效。根入药，主治风湿筋骨痛、跌打损伤等症。

工程影响：受三峡工程间接影响程度较小。

保护措施：建立自然保护点，实行就地保护。人工繁殖幼苗。

图 143-2

144.叉唇虾脊兰　图 144-1、图 144-2

Calanthe hancockii Rolfe

保护级别：拟公布的国家二级重点保护植物。

隶属科属：兰科Orchidaceae、虾脊兰属*Calanthe*。

形态特征：多年生地生兰，植株高达50cm。叶近椭圆形，长20～40cm，下面被毛，边缘波状；叶柄长20cm以上。花序疏生少数至20余朵花；苞片宿存，窄披针形，长约1cm；萼片和花瓣黄褐色；中萼片长圆状披针形，长2.5～3.5cm，背面被毛；侧萼片似中萼片，等长，较窄，背面被毛；花瓣近椭圆形，长约2.3cm。唇瓣柠檬黄色，具短爪，与蕊柱翅合生，3裂；侧裂片镰状长圆形，长约8mm，先端斜截；中裂片窄倒卵状长圆形，与侧裂片等宽，先端具短尖；唇盘具3条波状褶片，褶片在前端隆起；距淡黄色，纤细，长2～3mm；蕊柱长约5mm，疏被毛，蕊喙2裂。花期4～5月。

生境特点：生于海拔1000～2600m山坡常绿阔叶林下或山谷溪边。

地理分布：秭归县等。安徽、浙江、江西、福建、台湾、香港、广西、重庆、四川、云南等。

保护价值：花美丽，作观赏植物。

工程影响：受三峡工程间接影响程度较小。

保护措施：建立自然保护点，实行就地保护。人工繁殖幼苗。

图 144-1

图 144-2

145.细花虾脊兰　图 145-1、图 145-2

Calanthe mannii Hook. f.

保护级别： 拟公布的国家二级重点保护植物。

隶属科属： 兰科Orchidaceae、虾脊兰属*Calanthe*。

形态特征： 多年生地生兰，植株高达30cm。叶常倒披针形，长18～35cm，宽3～4.5cm，下面被毛。花序生10余朵花；苞片宿存，披针形；萼片和花瓣暗褐色；中萼片卵状披针形或长圆形，背面被毛；侧萼片稍斜卵状披针形，背面被毛；花瓣倒卵形，较萼片小；唇瓣金黄色，与蕊柱翅合生，3裂；侧裂片斜卵形，长1.5～2mm；中裂片横长圆形，先端稍凹具短尖，边缘稍波状；唇盘具3条三角形褶片；距长1～3mm，被毛；蕊柱长约3mm，腹面被毛，蕊喙小，2裂；花药帽先端近平截。花期3～5月。

生境特点： 生于海拔600～1500m山谷溪边或林下等阴湿处。

地理分布： 夷陵区、兴山县、巴东县、石柱县等。安徽、浙江、江西、台湾、湖北、湖南、广东、香港、广西、重庆、四川、贵州、云南、西藏等。尼泊尔、锡金、不丹、印度等。

保护价值： 假鳞茎入药，具有活血散瘀、止痛、消肿的功效。

工程影响： 受三峡工程间接影响程度较大。

保护措施： 严禁不合理采挖野生植株。实行就地保护，人工繁殖幼苗。

图 145-2

图 145-1

146.反瓣虾脊兰　图 146

Calanthe reflexa (Kuntze) Maxim.

保护级别：拟公布的国家二级重点保护植物。

隶属科属：兰科Orchidaceae、虾脊兰属*Calanthe*。

形态特征：多年生地生兰，植株高达30cm。叶椭圆形，长15～20cm，两面无毛；叶柄长 2～4cm。花葶高出叶外，被短毛，花序疏生多花；苞片宿存，窄披针形，长1.8～2.4cm；花梗纤细，连同子房均无毛；花粉红色，萼片和花瓣反折与子房平行；中萼片卵状披针形，长1.5～2cm，先端尾尖，被毛；侧萼片与中萼片等大，歪斜，先端尾尖，被毛；花瓣线形，无毛；唇瓣基部与蕊柱中部以下的蕊柱翅合生，3裂；侧裂片镰状；中裂片近椭圆形或倒卵状楔形，有齿；无距；蕊柱长约6mm，无毛，上部两侧具齿突，蕊喙3裂。花期5～6月。

生境特点：生于海拔600～2500m山坡林下或山谷溪边。

地理分布：涪陵区。安徽、浙江、台湾、江西、湖北、湖南、广东、广西、贵州、云南、重庆、四川等。日本、朝鲜半岛等。

保护价值：花一般较小，但颇为美丽，可供观赏。

工程影响：受三峡工程间接影响程度较大。

保护措施：采取就地保护方式，人工繁殖幼苗。

图 146

147.三棱虾脊兰　图 147-1、图 147-2

Calanthe tricarinata Lindl.

保护级别：拟公布的国家二级重点保护植物。

隶属科属：兰科Orchidaceae、虾脊兰属*Calanthe*。

形态特征：多年生地生兰，植株高达50cm。叶纸质，椭圆形或倒卵状披针形，长20～30cm，下面密被短毛，边缘波状；基部具鞘柄。花葶长达60cm，被短毛；花序疏生少数至多花；苞片宿存，卵状披针形，无毛；花梗和子房被短毛；萼片和花瓣淡黄色；中萼片长圆状披针形，长1.6～1.8cm，背面基部疏生毛；侧萼片与中萼片等大，稍歪斜；花瓣倒卵状椭圆形，长1.1～1.5cm；唇瓣红褐色，其基部与蕊柱中部以下的翅合生，在基部上方3裂；侧裂片耳状或近半圆形，长约4mm；中裂片肾形，宽1～1.8cm，先端稍凹，具短尖，边缘深波状；唇盘具3～5条鸡冠状褶片；无距；蕊柱腹面疏生毛，蕊喙2裂，裂片尖三角形，花药帽前端喙状。花期5～6月。

生境特点：生于海拔1600～2800m山坡草丛中或混交林下。

地理分布：夷陵区、兴山县等。陕西、甘肃、台湾、湖北、重庆、四川、贵州、云南、西藏等。尼泊尔、锡金、不丹、印度、日本等。

保护价值：根入药，具有舒筋活络、祛风止痛的功效。

工程影响：受三峡工程间接影响程度较小。

保护措施：严禁砍伐森林，建立自然保护点就地保护。

图 147-2

图 147-1

148.银兰　图 148-1、图 148-2

Cephalanthera erecta (Thunb. ex A. Murray) Bl.

图 148-1

保护级别：拟公布的国家二级重点保护植物。

隶属科属：兰科Orchidaceae、头蕊兰属*Cephalanthera*。

形态特征：多年生地生兰，植株高达30cm。叶椭圆形或卵状披针形，长2～8cm，背面平滑，基部窄抱茎。花序具3～10朵花，苞片最下1枚常叶状；花白色；萼片长圆状椭圆形，长0.8～1cm；花瓣与萼片相似，稍短；唇瓣长5～6mm，3裂，有距；侧裂片卵状三角形或披针形；中裂片近心形或宽卵形，长约3mm，宽4～5mm，上面有3条褶片，前方有乳突；距圆锥形，长约3mm，末端尖，伸出侧萼片基部之外；蕊柱长3.5～4mm。蒴果窄椭圆形或宽圆筒形，长约1.5cm。花期4～6月，果期8～9月。

生境特点：生于海拔850～2300m山坡林下、灌丛下或沟边土层厚且有一定阳光处。

地理分布：夷陵区、秭归县、兴山县、巴东县、石柱县等。陕西、甘肃、安徽、浙江、江西、福建、台湾、湖北、湖南、广东、广西、重庆、四川、贵州、云南、西藏等。日本、朝鲜半岛等。

保护价值：全草入药，具有清热利尿、解毒的功效，主治高热不退、口干、小便不通等症。

工程影响：受三峡工程间接影响程度较大。

保护措施：严禁砍伐森林和采挖野生植株。实行就地保护，人工繁殖幼苗。

图 148-2

149.金兰　图 149-1、图 149-2

Cephalanthera falcata (Thunb.ex A. Murray) Bl.

保护级别：拟公布的国家二级重点保护植物。

隶属科属：兰科Orchidaceae、头蕊兰属 *Cephalanthera* 。

形态特征：多年生地生兰，植株高达50cm。茎具4～7枚叶。叶椭圆形、椭圆状披针形或卵状披针形，长5～11cm，宽1.5～3.5cm，基部窄抱茎。花序常有5～10朵花；苞片长1～2mm，最下1枚叶状；花黄色；萼片菱状椭圆形，长1.2～1.5cm；花瓣与萼片相似，长1～1.2cm；唇瓣长8～9mm，3裂；侧裂片三角形；中裂片近扁圆形，长约5mm，宽8～9mm，上面具5～7条褶片，中央的3条高0.5～1mm，近顶端密生乳突；距圆锥形，长约3mm，伸出侧萼片基部之外，先端钝；蕊柱长6～7mm。蒴果窄椭圆状，长2～2.5cm。花期4～5月，果期8～9月。

生境特点：生于海拔700～1600m山坡林下、灌丛下、草丛中或沟谷旁。

地理分布：秭归县、奉节县、石柱县等。甘肃、江苏、安徽、浙江、江西、福建、河南、湖北、湖南、广东、广西、重庆、四川、贵州、云南等。日本、朝鲜半岛等。

保护价值：全草入药，具有清热、泻火的功效，主治咽喉肿痛、牙痛、气管炎、头晕、腰痛等。具有很高的观赏价值。

工程影响：受三峡工程间接影响较大。

保护措施：严禁砍伐森林和采挖野生植株。建立自然保护点进行就地保护。

图 149-1

图 149-2

被子植物

150.独花兰　图 150

Changnienia amoena S. S. Chien

保护级别：拟公布的国家二级重点保护植物。

隶属科属：兰科Orchidaceae、独花兰属*Changnienia*。

形态特征：多年生地生兰，植株高达10cm。叶1枚，宽卵状椭圆形或宽椭圆形，长6.5～11.5cm，下面紫红色；叶柄长3.5～8cm。花单朵，顶生；苞片小，早落；花梗和子房长7～9mm；花冠带肉红或淡紫色晕，唇瓣有紫红色斑点；萼片长圆状披针形，长2.7～3.3cm；花瓣窄倒卵状披针形，长2.5～3cm，3裂；侧裂片斜卵状三角形，宽1～1.3cm；中裂片宽倒卵状方形，具不规则波状缺刻；唇盘具5枚褶状附属物；距角状，长2～2.3cm，稍弯曲，基部宽0.7～1cm；蕊柱长1.8～2.1cm，有宽翅；花粉团4个，成2对，粘着于方形粘盘上。花期4月。

生境特点：生于海拔500～1800m山坡疏林下腐殖质丰富的土壤上或沿山谷阴蔽处。

地理分布：夷陵区、巴东县、巫山县、云阳县、万州区、忠县、石柱县、丰都县、涪陵区等。陕西、江苏、安徽、浙江、江西、湖北、湖南、重庆、四川等。

保护价值：独花兰是我国特有的单种属植物，对研究兰科植物系统发育等具有一定的科学价值。全草入药，具有清热解毒、凉血的功效，民间用以治疗咳嗽、痰中带血、热疖疔疮等症。亦是优良的观赏花卉。

工程影响：受三峡工程间接影响程度较大。

保护措施：严格控制不合理采挖，保护其生态环境，促进天然更新。就地或迁地保存种源。

图 150

151.大序隔距兰　图 151

Cleisostoma paniculatum (Ker-Gawl.) Garay

保护级别：拟公布的国家二级重点保护植物。

隶属科属：兰科Orchidaceae、隔距兰属*Cleisostoma*。

形态特征：多年生附生兰，植株高达30cm。茎直立，扁圆柱形。叶扁平，窄长圆形或带状，长12~25cm，宽0.8~2cm，先端不等2裂，基部稍V字形对折。萼片和花瓣背面黄绿色，内面紫褐色，边缘和中肋黄色；中萼片近长圆形，凹入，长4.5mm；侧萼片斜长圆形，基部贴生蕊柱足；唇瓣黄色，3裂；侧裂片三角形，前缘内侧呈胼胝体状；中裂片先端上翘呈倒喙状，基部两侧具钻状裂片；上面具脊突，前端隆起；距圆筒状，长4.5mm，内面背壁上方具长方形胼胝体；蕊柱粗短，药帽先端平截，具2个小缺刻；粘盘柄宽短，粘盘新月形或马鞍形。花期5~9月。

生境特点：生于海拔240~1240m山坡林中树干或沟谷林下岩石上。

地理分布：武隆县等。浙江、福建、江西、台湾、湖南、广东、香港、海南、广西、重庆、四川、贵州、云南等。泰国、越南、印度等。

保护价值：观赏。

工程影响：受三峡工程间接影响程度较大。

保护措施：采取就地保护和迁地保护方式加以保护。

图 151

被子植物

152.凹舌兰 图 152-1、图 152-2

Coeloglossum viride (L.) Hartm.

保护级别： 拟公布的国家二级重点保护植物。

隶属科属： 兰科Orchidaceae、凹舌兰属 *Coeloglossum*。

形态特征： 多年生地生兰，植株高达45cm。块茎肉质，前部掌状分裂。叶互生，直伸，窄倒卵状长圆形、椭圆形或椭圆状披针形，长5～12cm，基部鞘状抱茎。花绿黄或绿色，倒置；萼片几等长；中萼片舟状，卵状椭圆形，长6～8mm；侧萼片斜卵状椭圆形，较中萼片稍长；花瓣线状披针形，较中萼片稍短，与其靠合呈兜状，宽约1mm；唇瓣下垂，倒披针形，较萼片长，基部具囊状距，上面近基部中央有1枚短褶片，前部3裂；侧裂片长1.5～2mm；中裂片长不及1mm；距卵球形，长3～4mm；蕊柱短，直立，2室，药室平行；花粉团2枚，为具小团块的粒粉质，具短柄，粘盘圆形，贴生蕊喙基部叉开部分末端，裸露；蕊喙宽，位于药室以下；柱头1枚，圆形，位于蕊喙下面中央。蒴果直立，椭圆形。花期5～8月，果期9～10月。

生境特点： 生于海拔1200～2800m山坡林下、灌丛下或山谷林缘湿地。

地理分布： 秭归县、巴东县等。黑龙江、吉林、辽宁、河北、山西、内蒙古、陕西、宁夏、甘肃、青海、新疆、台湾、河南、湖北、重庆、四川、云南 、西藏等。欧洲、俄罗斯、朝鲜半岛、日本、尼泊尔、不丹、北美洲等。

保护价值： 块茎入药，具有滋补强壮、安神镇惊、益气止痛之功效。

工程影响： 受三峡工程间接影响程度较小。

保护措施： 严禁砍伐森林，避免生境逐渐恶化，数量日益减少。建立自然保护点就地保护。

图 152-2

图 152-1

153.杜鹃兰（九条剑） 图 153

Cremastra appendiculata (D. Don) Makino

保护级别：拟公布的国家二级重点保护植物。

隶属科属：兰科Orchidaceae、杜鹃兰属 *Cremastra*。

形态特征：多年生地生兰，植株高达50cm。假鳞茎卵球形或近球形。叶常1枚，窄椭圆形或倒披针状窄椭圆形，长18～34cm，宽5～8cm；叶柄长7～17cm。总状花序具5～22朵花；花常偏向一侧，略下垂，窄钟形，淡紫褐色；萼片倒披针形，中部以下近窄线形，长2～3cm；侧萼片略斜歪；花瓣倒披针形，长1.8～2.6cm，上部宽3～3.5mm；唇瓣与花瓣近等长，线形，3裂；侧裂片近线形，长4～5mm；中裂片卵形或窄长圆形，长6～8mm，基部2侧裂片间具肉质突起；蕊柱细，长1.8～2.5cm，顶端略扩大。蒴果近椭圆形，下垂，长2.5～3cm。花期5～6月，果期9～12月。

生境特点：生于海拔500～2200m山坡林下湿地或沟边湿地上。

地理分布：夷陵区、秭归县、兴山县、巴东县、云阳县、万州区等。山西、陕西、甘肃、江苏、安徽、浙江、江西、台湾、河南、湖北、湖南、广东、广西、重庆、四川、贵州、云南、西藏等。尼泊尔、不丹、锡金、印度、越南、泰国、日本等。

保护价值：假鳞茎入药，具有清热解毒、消肿散结、活血止痛、杀虫消痈的功效，主治无名肿毒、瘾痈、牙龈肿痛等症。还作观赏植物。

工程影响：受三峡工程间接影响程度较大。

保护措施：严禁砍伐森林，禁止采挖野生植株。实行就地保护，人工繁殖幼苗。

图 153

154.建兰 图 154

Cymbidium ensifolium (L.) Sw.

保护级别：拟公布的国家二级重点保护植物。

隶属科属：兰科Orchidaceae、兰属 *Cymbidium*。

形态特征：多年生地生兰，植株高达60cm。叶2～6枚，带形，长30～60cm，宽1～1.5cm。关节距基部2～4cm。花葶长20～35cm；花序具3～13朵花；苞片长5～8mm，花梗和子房长2～2.5cm；花常淡黄绿色，具紫斑；萼片窄长圆形，长2.3～2.8cm；侧萼片向下斜展；花瓣窄椭圆形或窄卵状椭圆形，长1.5～2.4cm；唇瓣近卵形，长1.5～2.3cm，略3裂；侧裂片直立，有小乳突；中裂片卵形，外弯，边缘波状，具小乳突；唇盘2枚褶片上部内倾靠合呈短管；蕊柱长1～1.4cm；花粉团4个，成2对。蒴果窄椭圆形，长5～6cm。花期6～10月。

生境特点：生于海拔600～1800m山坡疏林下、灌丛下、草丛中或山谷旁。

地理分布：夷陵区、秭归县、兴山县、巴东县等。安徽、浙江、江西、福建、台湾、湖南、广东、香港、海南、广西、重庆、四川、贵州、云南、西藏等。东南亚、南亚、日本等。

保护价值：根、全草入药，具有滋阴清肺、化痰止咳、解郁化湿的功效，主治百日咳、阴虚咳嗽、肺结核咳嗽等症。

工程影响：受三峡工程间接影响程度较大。

保护措施：严禁采挖野生植株。实行就地保护方式，人工繁殖幼苗。

图 154

155.蕙兰　（大兰草）　图 155

Cymbidium faberi Rolfe

保护级别： 拟公布的国家二级重点保护植物。

隶属科属： 兰科Orchidaceae、兰属 *Cymbidium*。

形态特征： 多年生地生兰，植株高达60cm。叶5～8枚，带形，近直立，长25～80cm，宽0.4～1.2cm，叶脉常透明。花葶稍外弯，长35～50cm，花序具5～11朵或多花；苞片线状披针形，中上部的长1～2cm；花梗和子房长2～2.6cm；花常淡黄绿色，唇瓣有紫红色斑；萼片近披针状长圆形或狭倒卵形，长2.5～3.5cm，宽6～8mm；花瓣与萼片相似，常略宽短；唇瓣长圆状卵形，长2～2.5cm，3裂；侧裂片直立，具小乳突或细毛；中裂片较长，外弯，有乳突，边缘常呈波状；唇盘2褶片上端内倾，有形成短管；蕊柱长1.2～1.6 cm；花粉团4个，成2对。蒴果窄椭圆形，长5～5.5cm。花期3～5月。

生境特点： 生于海拔700～2000m湿润但排水良好的透光处。

地理分布： 夷陵区、秭归县、兴山县、巴东县、云阳县、万州区等。陕西、甘肃、安徽、浙江、江西、福建、台湾、河南、湖北、湖南、广东、广西、重庆、四川、贵州、云南、西藏等，尼泊尔、印度等。

保护价值： 全草入药，具有润肺止咳、杀虫的功效。具有很高的观赏价值。

工程影响： 受三峡工程间接影响程度较大。

保护措施： 严禁采挖野生植株。实行就地保护，人工繁殖幼苗。

图 155

图 156-1

图 156-2

156.多花兰　图 156-1、图 156-2

Cymbidium floribundum Lindl.

保护级别：拟公布的国家二级重点保护植物。

隶属科属：兰科Orchidaceae、兰属*Cymbidium*。

形态特征：多年生附生兰，植株高达50cm。叶5～6枚，带形，坚纸质，长22～50cm，宽0.8～1.8cm，背面下部中脉较侧脉更凸起。花葶近直立或外弯，密生10～50朵花；萼片与花瓣红褐色，稀绿黄色，唇瓣白色，侧裂片与中裂片有紫红色斑，褶片黄色；萼片窄长圆形，长1.6～1.8cm；花瓣窄椭圆形，长1.4～1.6cm；唇瓣近卵形，长1.6～1.8cm，3裂；侧裂片直立，具小乳突；中裂片具小乳突；唇盘有2枚纵褶片，褶片末端靠合；蕊柱长1.1～1.4cm，略前弯；花粉团2个，三角形。蒴果近长圆形，长3～4cm。花期4～8月。

生境特点：生于海拔400～2000m山坡林中、林缘树上、溪谷旁透光的岩石或岩壁上。

地理分布：秭归县、兴山县、巴东县、涪陵区等。浙江、江西、福建、台湾、湖北、湖南、广东、广西、重庆、四川、贵州、云南、安徽等。

保护价值：根、全草入药，具有滋阴清肺、化痰止咳、解郁化湿的功效，主治百日咳、阴虚咳嗽、肺结核咳嗽等症。还作观赏植物。

工程影响：受三峡工程间接影响程度较大。

保护措施：禁止过度砍伐森林和采挖野生植株，实行就地保护，人工繁殖幼苗。

图 157-1

157.春兰　图 157-1、图 157-2

Cymbidium goeringii (Rchb. f.) Rchb. f.

保护级别：拟公布的国家二级重点保护植物。

隶属科属：兰科Orchidaceae、兰属*Cymbidium*。

形态特征：多年生地生兰，植株高达40cm。叶4～7枚，带形，长20～40cm，宽5～9mm。花葶直立，长3～15cm，花序具单花，稀2朵；苞片长4～5cm；花梗和子房长2～4cm；花常绿或淡褐黄色，有紫褐色脉纹；萼片近长圆形或长圆状倒卵形，长2.5～4cm；花瓣倒卵状椭圆形或长圆状卵形，长1.7～3cm；唇瓣近卵形，长1.4～2.8cm，微3裂；侧裂片直立，具小乳突，内侧具褶状物；中裂片有乳突，边缘略波状；唇盘2枚褶片，上部内倾靠合成管，多形成短管状；蕊柱长1.2～1.8cm。蒴果窄椭圆形，长5～8cm。花期1～3月。

生境特点：生于海拔300～2000m多石山坡、林缘或林中透光处。

地理分布：夷陵区、兴山县、巴东县、巫山县、巫溪县、奉节县、石柱县、武隆县、长寿区、江津市等。陕西、甘肃、江苏、安徽、浙江、江西、福建、台湾、河南、湖北、湖南、广东、广西、重庆、四川、贵州、云南等。日本、朝鲜半岛等。

保护价值：根入药，具有润肺止咳、消炎除湿、镇痛、驱蛔虫的功效，主治肺热咳嗽、白带、鼻炎等症。

工程影响：受三峡工程间接影响程度较大。

保护措施：严禁采挖野生植株。采取就地保护和迁地保护相结合方式加以保护，人工繁殖幼苗

图 157-2

158.春剑　图 158

Cymbidium goeringii (Rchb.f.) Rchb.f.var. *longibracteatum* (Y.S.Wu et S.C.Chen)Y.S.Wu et S.C.Chen

保护级别：拟公布的国家二级重点保护植物。

隶属科属：兰科Orchidaceae、兰属 *Cymbidium*。

形态特征：春剑是春兰的变种，其主要区别是：春剑叶坚挺，直立性强。花序具3～5朵花；苞片甚大，常包围花梗与子房。花期1～3月。

生境特点：生于海拔1000～2500m山坡杂木丛生的多石处。

地理分布：石柱县等。重庆、四川、贵州、云南等。

保护价值：供观赏。

工程影响：受三峡工程间接影响程度较小。

保护措施：严禁采挖野生植株，保护其生长环境，实行就地保护，人工繁殖幼苗。

图 158

159. 寒兰　图 159-1、图 159-2

Cymbidium kanran Makino

保护级别：拟公布的国家二级重点保护植物。

隶属科属：兰科Orchidaceae、兰属 *Cymbidium*。

形态特征：多年生地生兰，植株高达40cm。叶3～7枚，带形，薄革质，长40～70cm，宽[illegible]～1.7cm，前部常有细齿。总状花序疏生5～12朵花；苞片窄披针形，宽1.5～2mm，中部与上部者长1.5～2.6cm；花梗与子房长2～2.5cm；花常淡黄绿色，唇瓣淡黄色；萼片近线形或线状窄披针形，长3～5cm，宽3～5mm；花瓣常窄卵形或卵状披针形，长2～3cm，宽0.5～1cm；唇瓣近卵形，微3裂，长2～3cm；侧裂片直立有乳突状柔毛；中裂片外弯，上面有乳突状柔毛；唇盘2枚褶片，上部内倾靠合成短管；蕊柱长1～1.7cm；花粉团4个，成2对。蒴果窄椭圆形，长约4.5cm。花期8～12月。

生境特点：生于海拔400～1800m山坡林下、溪谷或稍阴蔽、湿润、多石之土壤上。

地理分布：兴山县等。安徽、浙江、江西、福建、台湾、湖北、湖南、广东、海南、广西、重庆、四川、贵州、云南、西藏等。日本、朝鲜半岛等。

保护价值：盆栽观赏。

工程影响：受三峡工程间接影响程度较大。

保护措施：严禁砍伐森林和采挖野生植株。建立自然保护点实行就地保护。

图 159-2

图 159-1

160.墨兰　图 160-1、图 160-2

Cymbidium sinense (Jackson ex Andr.) Willd.

保护级别：拟公布的国家二级重点保护植物。

隶属科属：兰科Orchidaceae、兰属 *Cymbidium*。

形态特征：多年生地生兰，植株高达100cm。叶3～5枚，带形，近薄革质，长45～80cm，宽2～3cm，有光泽，关节距基部3.5～7cm。花葶直立，长50～90cm，花序具10～20朵或多花；苞片最下1枚长于1cm，余长4～8mm；花梗和子房长2～2.5cm；花常暗紫或紫褐色。具浅色唇瓣，也有黄绿、桃红或白色；萼片窄长圆形，长2.2～3cm；花瓣窄卵形，长2～2.7cm；唇瓣卵状长圆形，长1.7～2.5cm，微3裂；侧裂片直立，有乳突状柔毛；中裂片外弯，有乳突状柔毛，边缘略波状；唇盘2枚褶片，上部内倾靠合成短管；蕊柱长1.2～1.5cm，花粉团4个，成2对。蒴果窄椭圆形，长6～7cm。花期10月至次年3月。

生境特点：生于海拔300～2000m山坡林下、灌丛下或溪谷旁湿润但排水良好的阴蔽处。

地理分布：夷陵区、秭归县、兴山县、巴东县等。安徽、浙江、江西、福建、台湾、湖南、广东、海南、广西、重庆、四川、贵州、云南等。印度、缅甸、越南、泰国、日本等。

保护价值：花食用，花、叶入药；叶态飘逸、花容清秀、色彩淡雅、幽香四溢，作观赏植物。

工程影响：受三峡工程间接影响程度较大。

保护措施：严禁采挖野生植株，实行就地保护，人工繁殖幼苗。

图 160-2

图 160-1

161.大叶杓兰　（九头狮子草）　图 161

Cypripedium fasciolatum Franch.

保护级别：拟公布的国家二级重点保护植物。

隶属科属：兰科Orchidaceae、杓兰属*Cypripedium*。

形态特征：多年生地生兰，植株高达45cm。叶3～4枚，椭圆形或宽椭圆形，长15～20cm。花序顶生，常具1花；苞片背面近基部脉偶有短柔毛；子房密被淡红褐色腺毛；花直径达12cm，有香气，黄色萼片与花瓣具栗色脉纹，唇瓣有栗色斑点；中萼片卵状椭圆形或卵形，长5～6cm；合萼片与中萼片相似，宽2～2.5cm，先端2浅裂；花瓣线状披针形或宽线形，长5.5～8cm，宽0.8～1.5cm，背面中脉被短柔毛；唇瓣深囊状，长5～7cm，稍上举，囊口边缘稍齿状；退化雄蕊卵状椭圆形，长1.5～2cm，基部有耳，花丝短。蒴果。花期4～5月。

生境特点：生于海拔1000～2500m山坡疏林中、山坡灌丛下或草丛中。

地理分布：兴山县、巴东县、巫山县、巫溪县、奉节县、开县等。湖北、重庆、四川等。

保护价值：根状茎入药，主治跌打损伤、肾虚腰痛等症。盆栽观赏。

工程影响：受三峡工程间接影响程度较小。

保护措施：严禁砍伐森林，保护其生态环境，禁止采挖野生植株。实行就地保护，人工繁殖幼苗。

图 161

162.毛杓兰　（凤凰抱蛋、独龙抢宝）　图 162

Cypripedium franchetii E. H. Wilson

保护级别：拟公布的国家二级重点保护植物。

隶属科属：兰科Orchidaceae、杓兰属 *Cypripedium*。

形态特征：多年生地生兰，植株高达35cm。叶3～5枚，椭圆形或卵状椭圆形，长10～16cm，两面脉疏被短柔毛。花序顶生，具1朵花，花序梗密被长柔毛；苞片两面脉具疏毛；花梗和子房密被长柔毛；花淡紫红或粉红色，有深色脉纹；中萼片椭圆状卵形或卵形，长4～5.5cm，背面脉疏被短柔毛；合萼片椭圆状披针形，长3.5～4cm，先端2浅裂，背面脉被短柔毛；花瓣披针形，长5～6cm，宽1～1.5cm，内面基部被长柔毛；唇瓣深囊状，长4～5.5cm，宽3～4cm；退化雄蕊卵状箭头形或卵形，长1～1.5cm，基部具短耳，花丝短；子房密被长柔毛。蒴果。花期5～7月，果期7～9月。

生境特点：生于海拔1500～2800m山坡疏林下、灌丛下或湿润草丛中。

地理分布：夷陵区、秭归县、兴山县、巴东县、巫溪县等。甘肃、青海、山西、陕西、河南、湖北、重庆、四川、云南等。

保护价值：根入药，主治腰肌劳损、跌打损伤、气滞咳嗽、胸肋疼痛等症。盆栽供观赏。

工程影响：受三峡工程间接影响程度较小。

保护措施：严格控制不合理的采挖野生植物。建立自然保护点，实行就地保护。

图 162

163.绿花杓兰　图 163

Cypripedium henryi Rolfe

保护级别：拟公布的国家二级重点保护植物。

隶属科属：兰科Orchidaceae、杓兰属*Cypripedium*。

形态特征：多年生地生兰，植株高达60cm。叶4～5枚，椭圆状或卵状披针形，长10～18cm，无毛或背面近基部被短柔毛。花序顶生，具2～3朵花；苞片常无毛，稀背面脉上被疏柔毛；花梗和子房密被白色腺毛；花绿或绿黄色；中萼片卵状披针形，长3.5～4.5cm；合萼片与中萼片相似，先端2浅裂；花瓣线状披针形，长4～5cm，宽5～7mm，稍扭转；唇瓣深囊状，长2cm，囊底有毛；退化雄蕊椭圆形或卵状椭圆形，长6～7mm，花丝长2～3mm。蒴果近椭圆形或窄椭圆形，长达3.5cm，被毛。花期4～5月，果期7～9月。

生境特点：生于海拔800～2500m山坡或山谷疏林下、林缘或灌丛下。

地理分布：夷陵区、兴山县、巴东县、巫山县、巫溪县、奉节县、石柱县等。山西、陕西、甘肃、湖北、湖南、重庆、四川、贵州、云南等。

保护价值：根入药，具有理气行血、消肿止痛的功效，主治胃寒腹痛、腰腿疼痛、跌打损伤等症。盆栽供观赏。

工程影响：受三峡工程间接影响程度较小。

保护措施：严禁采挖野生植株。实行就地保护，人工繁殖幼苗。

图 163

被子植物

164.扇脉杓兰　（扇子七）　图 164-1、图 164-2

Cypripedium japonicum Thunb.

图 164-1

保护级别：拟公布的国家二级重点保护植物。

隶属科属：兰科Orchidaceae、杓兰属*Cypripedium*。

形态特征：多年生地生兰，植株高达55cm。叶常2枚，近对生，生于植株近中部；叶扇形，长10～16cm，宽10～21cm，上部边缘钝波状，基部近楔形，具扇形辐射状脉，两面近基部均被长柔毛。花序顶生1花；苞片两面无毛；花梗和子房密被长柔毛；萼片和花瓣淡黄绿色；中萼片窄椭圆形或窄椭圆状披针形，长4.5～5.5cm；合萼片与中萼片相似，长4～5cm，先端2浅裂；花瓣斜披针形，长4～5cm，宽1～1.2cm；唇瓣下垂，囊状，长4～5cm，囊口略窄长，周围有凹槽，呈波浪状缺齿；退化雄蕊椭圆形，长约1cm，基部有短耳。蒴果近纺锤形，长4.5～5cm，疏被微柔毛。花期4～5月，果期6～10月。

生境特点：生于海拔800～2000m山坡林下、灌丛下、林缘、溪谷旁或阴蔽山坡等。

地理分布：夷陵区、秭归县、兴山县、巴东县、巫山县、巫溪县、奉节县、开县等。陕西、甘肃、安徽、浙江、江西、湖北、湖南、重庆、四川、贵州等。日本等。

保护价值：全草入药，具有活血调经、祛风镇痛、调经活血、截疟的功效，主治月经不调、跌打损伤疼痛、皮肤搔症等症。盆栽供观赏。

工程影响：受三峡工程间接影响程度较小。

保护措施：严禁砍伐森林和采挖野生植株。实行就地保护，人工繁殖幼苗。

图 164-2

图 165-1

图 165-2

165.细叶石斛　图 165-1、图 165-2

Dendrobium hancockii Rolfe

保护级别：拟公布的国家二级重点保护植物。

隶属科属：兰科Orchidaceae、石斛属*Dendrobium*。

形态特征：多年生附生兰，植株高达80cm。叶常3～6枚，窄长圆形，长3～10cm，先端稍不等2裂，基部下延为抱茎纸质鞘。花序长1～2.5cm，具1～2朵花，花序梗长不及1cm；花金黄色，唇瓣和萼片内侧具少数红色条纹，直径约3.5cm；中萼片卵状椭圆形，先端尖；侧萼片卵状披针形，较中萼片稍窄；萼囊圆锥形，长约5mm；花瓣近椭圆形或斜倒卵形，较中萼片宽；唇瓣较花瓣稍短，较宽，基部具胼胝体，中部以上3裂；侧裂片近半圆形，包蕊柱；中裂片扁圆形或肾状圆形，上面密被淡绿色乳突状短毛。花期5～6月，果期6～8月。

生境特点：生于海拔700～1500m山坡林中树干上或山谷岩石上。

地理分布：夷陵区、兴山县等。陕西、甘肃、河南、湖北、湖南、广西、重庆、四川、贵州，云南等。

保护价值：茎入药，具有养阴除热、强壮健胃、生津止渴的功效。盆栽供观赏。

工程影响：受三峡工程间接影响程度较大。

保护措施：严禁砍伐森林，采取就地保护方式，人工繁殖幼苗，扩大种质资源。

166.罗河石斛　图 166

Dendrobium lohohense T. Tang et F. T. Wang

保护级别：拟公布的国家二级重点保护植物。

隶属科属：兰科Orchidaceae、石斛属 *Dendrobium* 。

形态特征：多年生附生兰，植株高达80cm。茎圆柱形，具多节，上部节易生根并长出新枝，干后金黄色，具数条纵棱。叶薄革质，长圆形，长3～4.5cm，宽0.5～1.6cm，先端尖，基部具抱茎鞘。花序侧生于有叶茎端或叶腋，具单花；花蜡黄色；中萼片椭圆形，长约1.5cm；侧萼片斜椭圆形，较中萼片稍长而窄；萼囊近球形，长约5mm；花瓣椭圆形，长1.7cm；唇瓣倒卵形，较花瓣大，基部楔形，两侧包蕊柱，前端具不整齐细齿。花期6月，果期7～8月。

生境特点：生于海拔980～1500m山谷或林缘的岩石上。

地理分布：巴东县等。湖北、湖南、广东、广西、重庆、四川、贵州、云南等。

保护价值：全草入药，具有养阴除热、强壮健胃、生津止渴的功效，主治肺热咳嗽等症。盆栽供观赏。

工程影响：受三峡工程间接影响程度较小。

保护措施：建立自然保护点就地保护，人工繁殖幼苗。

图 166

167.细茎石斛　（金钗石斛）　图 167－1、图 167－2

Dendrobium moniliforme (L.) Sw.

保护级别： 拟公布的国家二级重点保护植物。

隶属科属： 兰科Orchidaceae、石斛属 *Dendrobium*。

形态特征： 多年生附生兰，植株高达40cm。叶革质，常互生茎中部以上，披针形或长圆形，长3－4.5cm，宽0.5～1cm，先端稍不等2裂，基部具抱茎鞘。花序具1～3朵花；苞片干膜质，白色带褐色斑块，卵形，长不及5mm；花黄绿、白或白色带淡紫红色；萼片和花瓣相似，卵状长圆形或卵状披针形，长1～2.3cm，宽1.5～8mm；侧萼片基部较宽而歪斜；萼囊倒圆锥形，长约5mm；花瓣较萼片稍宽；唇瓣白、淡黄绿或绿白色，具淡褐、紫红或淡黄色斑块，卵状披针形，较萼片短，基部楔形，3裂；侧裂片半卵形，直立，边缘常稍具细齿；中裂片卵状披针形，常具带色斑块；唇盘在两侧裂片之间密被短毛，基部具椭圆形胼胝体。花期3～5月。

生境特点： 生于海拔600～2800m山坡阔叶林中树干或山谷岩石上。

地理分布： 巴东县等。甘肃、陕西、安徽、浙江、江西、福建、台湾、河南、湖北、湖南、广东、广西、重庆、四川、贵州、云南等。朝鲜半岛、日本等。

保护价值： 茎为中药石斛的重要植物之一。

工程影响： 受三峡工程间接影响程度较大。

保护措施： 采取就地保护方式加以保护，人工繁殖幼苗，药园等引种栽培。

图 167－2

图 167－1

168.石斛 图 168-1、图 168-2

Dendrobium nobile Lindl.

保护级别：拟公布的国家二级重点保护植物。

隶属科属：兰科Orchidaceae、石斛属*Dendrobium*。

形态特征：多年生附生兰，植株高达60cm。叶革质，长圆形，长6～11cm，宽1～3cm，先端不等2圆裂，基部具抱茎鞘。花序长2～4cm，具1～4朵花，苞片卵状披针形；花常白色，上部带淡紫红色；中萼片长圆形，长2.5～3.5cm；侧萼片与中萼片相似，基部歪斜；萼囊倒圆锥形，长6mm；花瓣稍斜宽卵形，长2.5～3.5cm，宽1.8～2.5cm，具短爪，全缘；唇瓣宽倒卵形，长2.5～3.5cm，宽2.2～3.2cm，基部两侧有紫红色条纹，具短爪，两面密被绒毛；唇盘具紫红色大斑块；药帽前端边缘具尖齿。花期4～5月。

生境特点：生于海拔480～1700m山坡疏林中树干上或山谷岩石上。

地理分布：夷陵区、兴山县、巴东县、万州区等。台湾、湖北、香港、海南、广东、广西、四川、贵州、云南、西藏等。印度、新几内亚、菲律宾、马来西亚、泰国、喜马拉雅、中南半岛等。

保护价值：根入药，具有滋阴养胃、清热生津的功效，主治热病烦躁、病后虚热、阴伤目暗、食欲不振、遗精、腰膝酸软无力、肺结核等症。

工程影响：受三峡工程间接影响程度较大。

保护措施：严禁不合理采挖野生植株，采取就地保护方式，人工繁殖幼苗。

图 168-2

图 168-1

图 169-1

图 169-2

图 169-3

169.广东石斛 图 169-1～169-3

Dendrobium wilsonii Rolfe

保护级别：拟公布的国家二级重点保护植物。

隶属科属：兰科Orchidaceae、石斛属 *Dendrobium*。

形态特征：多年生附生兰，植株高达40cm。叶革质，互生，窄长圆形，长3～5cm，宽0.6～1.5cm，先端稍不等2裂，基部具抱茎鞘。花序具1～2朵花；苞片干膜质，白色，中部或先端栗色，长4～7mm，先端渐尖；花常白色；中萼片长圆状披针形，长2.3～4cm，宽0.7～1cm；侧萼片与中萼片等大；萼囊半球形，长1～1.5mm；花瓣近椭圆形，与萼片等长而甚宽，先端锐尖；唇瓣白色，具黄绿色斑块，卵状披针形，较萼片稍短而甚宽，不明显3裂，基部楔形，具胼胝体；侧裂片直立，半圆形；中裂片卵形，先端尖，上面具黄绿色斑块，密被短毛。花期5月。

生境特点：生于500～1500m山坡阔叶林中树干上或林下岩石上。

地理分布：夷陵区、秭归县、兴山县、巴东县等。福建、湖北、湖南、广东、广西、重庆、四川、贵州、云南等。

保护价值：全草入药，具有滋阴养胃、清热生津的功效，主治热病烦躁、病后虚热、阴伤目暗等症。盆栽供观赏。

工程影响：受三峡工程间接影响程度较大。

保护措施：采取就地保护和迁地保护相结合方式，人工繁殖幼苗。

被子植物

170.大叶火烧兰　图 170-1、图 170-2

Epipactis mairei Schltr.

保护级别：拟公布的国家二级重点保护植物。

隶属科属：兰科Orchidaceae、火烧兰属 *Epipactis*。

形态特征：多年生地生兰，植株高达70cm。茎上部与花序轴被锈色柔毛。叶5～8枚，卵圆形、卵形或椭圆形，长7～16cm，基部抱茎。花序具10～20余朵花；子房和花梗被黄褐或锈色柔毛；花黄绿带紫、紫褐或黄褐色，下垂；中萼片椭圆形或倒卵状椭圆形、舟形，长1.3～1.7cm；侧萼片斜卵状披针形或斜卵形，长1.4～2cm；花瓣长椭圆形或椭圆形，长1.1～1.7cm；唇瓣中部稍缢缩成上下唇，下唇长6～9mm，两侧裂片近直立，高5～6mm，具2～3枚鸡冠状褶片；上唇卵状椭圆形、长椭圆形或椭圆形，长5～9mm；蕊柱连花药长7～8mm。蒴果椭圆状，长约2.5cm。花期6～7月，果期9月。

生境特点：生于海拔500～2500m山坡灌丛下、草丛下、河滩阶地或冲积扇地。

地理分布：夷陵区、秭归县、兴山县、巴东县、巫溪县、奉节县、万州区等。陕西、甘肃、湖北、湖南、重庆、四川、云南、西藏等。

保护价值：全草入药，具有理气活血、祛痰止痛、解毒的功效。盆栽供观赏。

工程影响：受三峡工程间接影响程度较大。

保护措施：采取就地保护和迁地保护相结合方式，人工繁殖幼苗。

图 170-2

图 170-1

171.毛萼山珊瑚　图 171-1、图 171-2

Galeola lindleyana (Hook. f. et Thoms.) Rchb. f.

保护级别：拟公布的国家二级重点保护植物。

隶属科属：兰科Orchidaceae、山珊瑚属 *Galeola*。

形态特征：多年生腐生兰，植株高达300cm。根状茎直径3cm，疏被卵形鳞片。茎上节具宽卵形鳞片。总状圆锥花序，具数至10余朵花；苞片卵形，长5～6mm，背面密被锈色短绒毛；花梗和子房长1.5～2cm，密被锈色短绒毛；花黄色；萼片椭圆形或卵状椭圆形，长1.6～2cm，背面密被锈色短绒毛并具龙骨状突起；侧萼片稍长于中萼片；花瓣宽卵形或近圆形，宽1.2～1.4cm，无毛；唇瓣杯状，直径约1.3cm，边缘具短流苏；蕊柱棒状，长约7mm。蒴果近长圆形，淡棕色，长8～12cm。花期5～8月，果期9～10月。

生境特点：生于海拔800～2000m疏林下、稀疏灌丛或沟谷边。

地理分布：秭归县、兴山县、巴东县、石柱县等。陕西、安徽、河南、湖北、湖南、广东、广西、重庆、四川、贵州、云南、西藏等。印度、锡金等。

保护价值：全草入药，具有利尿消肿、止血开窍的功效，主治血崩、红痢、肾炎等症。可供观赏。

工程影响：受三峡工程间接影响程度较小。

保护措施：采取就地保护方式，人工繁殖幼苗。

图 171-2

图 171-1

172.台湾盆距兰　图 172

Gastrochilus formosanus (Hayata) Hayata

保护级别：拟公布的国家二级重点保护植物。

隶属科属：兰科Orchidaceae、盆距兰属*Gastrochilus*。

形态特征：多年生附生兰，植株高达10cm。茎常匍匐，细长，长达37cm，直径2mm。叶绿色，常两面带紫红色斑点，2列互生，稍肉质，长圆形或椭圆形，长2～2.5cm，宽3～7mm。总状花序缩呈伞状，具2～3朵花；花淡黄色带紫红色斑点；中萼片椭圆形，长4.8～5.5mm，宽2.5～3.2mm；侧萼片与中萼片等大，斜长圆形，先端钝；花瓣倒卵形，长4～5mm，宽2.8～3mm，先端圆形；唇瓣前唇白色，宽三角形或近圆形，长2.2～3.2mm，宽7～9mm，上面垫状物黄色且密布乳突状毛；后唇近杯状，长约5mm，宽4mm，上端的口缘截形并且与前唇几乎在同一水平面上；蕊柱长1.5mm；药帽前端收狭。花期常在10～12月。

生境特点：生于海拔500～1500m山坡林中树干上。

地理分布：石柱县等。陕西、福建、台湾、湖北、湖南、重庆、四川等。

保护价值：全草入药，具有清热生津，滋阴养胃的功效。可作为观赏植物。

工程影响：受三峡工程间接影响程度较大。

保护措施：严禁不合理采挖野生植物，采取就地保护方式，人工繁殖幼苗。

图 172

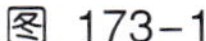
图 173-1

图 173-2

173.天麻　图 173-1、图 173-2

Gastrodia elata Bl.

保护级别：拟公布的国家二级重点保护植物。

隶属科属：兰科Orchidaceae、天麻属*Gastrodia*。

形态特征：多年生腐生兰，植株高达150cm。茎橙黄或蓝绿色，无绿叶，下部被数枚膜质鞘。总状花序长30cm，具30～50朵花；花梗和子房长0.7～1.2cm；花橙黄或黄白色；花被筒长约1cm，顶端具5裂片；2枚侧萼片合生处的裂口深5mm，筒基部向前凸出；外轮裂片卵状三角形，内轮裂片近长圆形唇瓣长圆状卵形，长6～7mm，3裂，基部贴生蕊柱足末端与花被筒内壁有1对肉质胼胝体，边缘有不规则短流苏；蕊柱长5～7mm，蕊柱足短。蒴果倒卵状椭圆形，长1.4～1.8cm。花期5～7月，果期7～9月。

生境特点：生于海拔500～2200m山坡疏林下、林缘或灌丛边缘。

地理分布：夷陵区、秭归县、兴山县、巴东县、巫山县、巫溪县、奉节县、云阳县、开县、万州区、石柱县、武隆县、江津市等。吉林、辽宁、河北、山西、内蒙古、陕西、甘肃、江苏、安徽、浙江、江西、台湾、河南、湖北、湖南、重庆、四川、贵州、云南、西藏等。尼泊尔、不丹、印度、日本、朝鲜半岛至西伯利亚等。

保护价值：块状茎入药，具有平肝熄风、镇痉定惊等功效，主治头晕目眩、肢体麻木、小儿惊风、癫痫等症。

工程影响：受三峡工程间接影响程度较大。

保护措施：严禁过度采挖野生植株，保护其生态环境，促进天然更新。采取就地保护方式，人工繁殖幼苗。

图 174-1

图 174-2

174.大花斑叶兰　图 174-1～图 174-3

Goodyera biflora (Lindl.) Hook. f.

保护级别：拟公布的国家二级重点保护植物。

隶属科属：兰科Orchidaceae、斑叶兰属 *Goodyera*。

图 174-3

形态特征：多年生地生兰，植株高达15cm。茎具4～5枚叶。叶卵形或椭圆形，长2～4cm，基部圆，上面具白色均匀网状脉纹；叶柄长1～2.5cm。花序常具2朵花，常偏向一侧；苞片披针形，长1.5～2.5cm；花长筒状，白或带粉红色；萼片线状披针形，长2.5cm，宽3～4mm；中萼片与花瓣粘贴呈兜状；花瓣白色，无毛，稍斜菱状线形，长2.5cm，宽3～4mm；唇瓣白色，线状披针形，长1.8～2cm，基部凹入呈囊状，内面具多数腺毛，前部舌状；花药三角状披针形，长1～1.2cm。花期2～7月，果期7～10月。

生境特点：生于海拔800～2000m山坡林下阴湿处。

地理分布：兴山县、巴东县等。陕西、甘肃、江苏、安徽、浙江、台湾、河南、湖北、湖南、广东、重庆、四川、贵州、云南、西藏等。尼泊尔、印度、朝鲜半岛、日本等。

保护价值：全草入药，具有滋阴润肺、清热凉血的功效，主治肺结核咯血、神经衰弱、食欲不振等症。盆栽供观赏。

工程影响：受三峡工程间接影响程度较小。

保护措施：严禁过度采挖野生植株，采取就地保护方式，人工繁殖幼苗。

175.多叶斑叶兰 图 175-1、图 175-2

Goodyera foliosa (Lindl.) Benth. ex Clarke

保护级别：拟公布的国家二级重点保护植物。

隶属科属：兰科Orchidaceae、斑叶兰属 *Goodyera*。

形态特征：多年生地生兰，植株高达25cm。茎具4～6枚叶。叶常集生茎上部，叶卵形或椭圆形，偏斜，长2.5～6cm，基部楔形或圆形；叶柄长1～2cm。花序具几朵至12朵较密生、常偏向一侧的花，花序梗极短；苞片披针形，长1～1.5cm，宽2～2.5mm，背面被毛；花白带粉红、白带淡绿或近白色；萼片窄卵形，凹入，长7～9mm，宽3.5～4mm，背面被毛；花瓣斜菱形，长7～9mm，中部宽2.5～4mm，基部具爪，无毛，与中萼片贴生呈兜状；唇瓣长6～8mm，宽3.5～4mm，基部囊状，内面具多数腺毛，前部舌状，先端略反曲，背面两侧有时具红褐色斑块；花药卵形，长4mm。花期7～9月。

生境特点：生于海拔300～1500m山坡或沟谷密林下阴湿处。

地理分布：涪陵区等。福建、台湾、广东、香港、广西、云南、西藏、重庆、四川、湖南等。尼泊尔、锡金、不丹、印度、缅甸、越南、日本、朝鲜半岛等。

保护价值：花一般较小，但颇为美丽，可供观赏。

工程影响：受三峡工程间接影响程度较大。

保护措施：严禁砍伐森林和不合理采挖野生植株。采取就地保护方式，人工繁殖幼苗。

图 175-2

图 175-1

176.小斑叶兰　图 176

Goodyera repens (L.) R. Br.

保护级别： 拟公布的国家二级重点保护植物。

隶属科属： 兰科Orchidaceae、斑叶兰属 *Goodyera*。

形态特征： 多年生地生兰，植株高达25cm。茎具5～6枚叶。叶卵形或卵状椭圆形，先端尖，基部钝或宽楔形，长1～2cm，具白色斑纹，下面淡绿色；叶柄长0.5～1cm。花茎被白色腺状柔毛，具3～5枚鞘状苞片；花序密生几朵至10余朵多少偏向一侧的花，长4～15cm；苞片披针形，长5mm；花白色，带绿或带粉红色；萼片背面有腺状柔毛；中萼片卵形或卵状长圆形，长3～4mm，与花瓣粘贴呈兜状；侧萼片斜卵形或卵状椭圆形，长3～4mm；花瓣斜匙形，长3～4mm；唇瓣卵形，长3～3.5mm，基部凹入呈囊状，宽2～2.5mm，内面无毛，前端短舌状，略外弯。花期7～8月，果期8～9月。

生境特点： 生于海拔700～2300m山坡或沟谷林下。

地理分布： 夷陵区、兴山县、巴东县等。黑龙江、吉林、辽宁、河北、山西、内蒙古、陕西、甘肃、青海、新疆、安徽、台湾、河南、湖北、湖南、重庆、四川、云南、西藏等。日本、朝鲜半岛、俄罗斯、欧洲、缅甸、印度、不丹、北美洲等。

保护价值： 全草入药，具有清热解毒、活血止痛、软坚散结的功效，主治气管炎、跌打损伤、痈肿疔疮等症。盆栽供观赏。

工程影响： 受三峡工程间接影响程度较大。

保护措施： 严禁采挖野生植株，建立自然保护点就地保护。

图 176

177.斑叶兰　图 177

Goodyera schlechtendaliana Rchb. f.

保护级别：拟公布的国家二级重点保护植物。

隶属科属：兰科Orchidaceae、斑叶兰属*Goodyera*。

形态特征：多年生地生兰，植株高达35cm。茎具4～6枚叶。叶卵形或卵状披针形，长3～8cm，上面具白或黄白色不规则点状斑纹，基部近圆或宽楔形；叶柄长0.4～1cm。花序疏生几朵至20余朵偏向一侧的花，长8～20cm；苞片披针形，长约1.2cm，背面被柔毛；花白或带粉红色；萼片背面被柔毛；中萼片窄椭圆状披针形，长0.7～1cm，舟状，与花瓣贴生呈兜状；侧萼片卵状披针形，长7～9mm；花瓣菱状倒披针形，长0.7～1cm；唇瓣卵形，长6～8.5mm，基部凹入呈囊状，宽3～4mm，内部具多数腺毛，前端舌状，略下弯；花药卵形。花期8～10月，果期9～11月。

生境特点：生于海拔500～2000m山坡或沟谷阔叶林下。

地理分布：夷陵区、秭归县、兴山县、巴东县、万州区等。山西、陕西、甘肃、江苏、安徽、浙江、江西、福建、台湾、河南、湖北、湖南、广东、海南、广西、重庆、四川、贵州、云南、西藏等。尼泊尔、不丹、锡金、印度、越南、泰国、朝鲜半岛、日本、印度尼西亚等。

保护价值：全草入药，具有清肺止咳、解毒消肿、止痛止血的功效，主治肺结核咳嗽、咯血、百日咳等症。盆栽供观赏。

工程影响：受三峡工程间接影响程度较大。

保护措施：采取就地保护方式，人工繁殖幼苗，植物园等引种栽培。

图 177

178.绒叶斑叶兰　图 178

Goodyera velutina Maxim.

保护级别：拟公布的国家二级重点保护植物。

隶属科属：兰科Orchidaceae、斑叶兰属*Goodyera*。

形态特征：多年生地生兰，植株高达16cm。茎具3～5枚叶。叶卵形或椭圆形，长2～5cm，基部圆形，上面深绿或暗绿色，天鹅绒状，沿中脉具白色带，下面紫红色；叶柄长1～1.5cm。花序具6～15朵偏向一侧的花；苞片披针形，红褐色，长1～1.2cm；花萼片淡红褐或白色，凹入，背面被柔毛；中萼片长圆形，长0.7～1.2cm，与花瓣粘贴呈兜状；侧萼片斜卵状椭圆形或长椭圆形，长0.8～1.2cm，先端钝；花瓣斜长圆状菱形，无毛，长0.7～1.2cm，宽3.5～4.5mm，基部渐窄，上半部具红褐色斑；唇瓣长6.5～9mm，基部囊状，内面具多数腺毛，前部舌状，舟形，先端下弯；花药卵状心形，先端渐尖。花期8～10月。

生境特点：生于海拔700～2800m山坡或沟谷密林下。

地理分布：秭归县等。浙江、福建、台湾、湖北、湖南、广东、海南、广西、重庆、四川、云南等。朝鲜半岛、日本等。

保护价值：全草入药，具有解毒、活血、止痛、清热等功效。可供观赏。

工程影响：受三峡工程间接影响程度较大。

保护措施：严禁不合理采挖野生植株，采取就地保护方式，人工繁殖幼苗。

图 178

图 179-1

图 179-2

179.西南手参　图 179-1、图 179-2

Gymnadenia orchidis Lindl.

保护级别：拟公布的国家二级重点保护植物。

隶属科属：兰科Orchidaceae、手参属*Gymnadenia*。

形态特征：多年生地生兰，植株高达35cm。叶椭圆形或椭圆状披针形，长4～16cm。花序密生多花，长4～14cm；苞片披针形；花紫红或粉红，稍带白色；中萼片卵形，长3～5mm；侧萼片反折，斜卵形，较中萼片稍宽长，边缘外卷；花瓣斜宽卵状三角形，与中萼片等长、较宽，较侧萼片稍窄，具波状齿，与中萼片靠合；唇瓣前伸，宽倒卵形，长3～5mm，3裂；中裂片较侧裂片稍大或等大，三角形；距圆筒状，下垂，长0.7～1cm，稍前弯，长于子房或近等长。花期7～9月。

生境特点：生于海拔2800m山坡或沟谷灌丛下或草丛中。

地理分布：兴山县等。河北、陕西、甘肃、青海、湖北、重庆、四川、云南、西藏等。不丹、印度等。

保护价值：块茎入药，具有补肾益精、理气、止痛等功效。可供观赏。

工程影响：受三峡工程间接影响程度较小。

保护措施：严禁不合理采挖野生植株，采取就地保护方式，人工繁殖幼苗。

180.橙黄玉凤花　图 180-1、图 180-2

Habenaria rhodocheila Hance

保护级别：拟公布的国家二级重点保护植物。

隶属科属：兰科Orchidaceae、玉凤花属 *Habenaria* 。

形态特征：多年生地生兰，植株高达35cm。茎下部具4～6枚叶，其上具1～3枚小叶。叶线状披针形或近长圆形，长10～15cm。花序疏生2～10余朵花；苞片卵状披针形，长1.5～1.7cm；萼片和花瓣绿色，唇瓣红、橙红或橙黄色；中萼片近圆形，长约9mm；侧萼片长圆形，长0.9～1cm；花瓣匙状线形，长约8mm，宽约2mm，与中萼片靠合呈兜状；唇瓣卵形，长1.8～2cm，最宽处约1.5cm，4裂，具短爪；侧裂片长圆形，长约7mm；中裂片2裂，裂片近半卵形，长约4mm，先端斜平截；距细圆筒状，下垂，长2～3cm，直径约1mm，末端常上弯。蒴果纺锤形，长约1.5cm，有喙；果柄长约5mm。花期7～8月，果期10～11月。

生境特点：生于海拔300～1500m山坡或沟谷林下阴湿处或岩石覆土处。

地理分布：石柱县等。江西、福建、湖南、广东、香港、海南、广西、贵州等。越南、老挝、柬埔寨、泰国、马来西亚、菲律宾等。

保护价值：花形似凤头，似群凤聚树又欲各自分飞之状，可盆栽供观赏。

工程影响：受三峡工程间接影响程度较大。

保护措施：严禁过度采挖野生植株，采取就地保护方式保护残存的植株，人工繁殖幼苗。

图 180-2

图 180-1

181.裂唇舌喙兰　图 181-1、图 181-2

Hemipilia henryi Rolfe

保护级别：拟公布的国家二级重点保护植物。

隶属科属：兰科Orchidaceae、舌喙兰属*Hemipilia*。

形态特征：多年生地生兰，植株高达32cm。茎基部具1枚叶和2～4枚鞘状叶。叶卵形，长4～10cm，宽3～7cm，先端尖或具短尖，基部心形或近圆，抱茎。花序具3～9朵花；苞片披针形；花紫红色；中萼片卵状椭圆形，长6～7mm；侧萼片较中萼片长，近宽卵形，斜歪，上面被细小乳突；花瓣斜菱状卵形，长6mm，上面具不明显乳突；唇瓣宽倒卵状楔形，3裂，长1.2～1.4cm，宽约1cm，上面被细小乳突，基部近距口具2枚胼胝体；侧裂片三角形或近长圆形，先端钝或具不整齐细齿；中裂片近方形，先端2裂，具细尖；距窄圆锥形，基部较宽，向末端渐窄，长约1.8cm。花期8月，果期9～10月。

生境特点：生于海拔600～1200m山坡林下多岩石的地方。

地理分布：兴山县、巴东县、巫溪县、奉节县、开县、万州区等。湖北、重庆、四川等。

保护价值：块茎入药，主治跌打损伤等症。可盆栽供观赏。

工程影响：受三峡工程间接影响程度较大。

保护措施：严禁过度采挖野生植株，采取就地保护方式，人工繁殖幼苗。

图 181-1

图 181-2

182.瘦房兰　图 182

Ischnogyne mandarinorum (Kraenzl.) Schltr.

保护级别： 拟公布的国家二级重点保护植物。

隶属科属： 兰科Orchidaceae、瘦房兰属 *Ischnogyne* 。

形态特征： 多年生附生兰，植株高达7cm。假鳞茎顶生1枚叶。叶近直立，窄椭圆形，薄革质，长4～7cm；叶柄长1～2cm。花葶生于假鳞茎顶端，长5～7cm，顶生1朵花；苞片膜质，卵形，长5～7mm；花白色；萼片离生，线状披针形，长2.8～3.2cm，宽3～3.5mm；侧萼片基部有囊，长约3mm；花瓣与萼片相似，稍短，宽约2.5mm；唇瓣窄倒卵形，长约3cm，3裂；侧裂片小；中裂片近方形，基部有2个紫色斑块；距长约3mm，部分包于2侧裂片基部以内；蕊柱长约2.5cm，花粉团4个，蜡质，无附属物，基部粘合，柱头凹下，蕊喙宽舌状。蒴果椭圆形，长1.6～2cm。花期5～6月，果期7～8月。

生境特点： 生于海拔700～1500m山坡林下或沟谷旁的岩石上。

地理分布： 巴东县、巫溪县等。陕西、甘肃、湖北、重庆、四川、贵州等。

保护价值： 我国特有单种属植物，对研究三峡库区植物区系具有重要的科研价值。全草入药，具有润肺止咳的功效，主治肺痨咳嗽、支气管炎等症。可盆栽供观赏。

工程影响： 受三峡工程间接影响程度较大。

保护措施： 严禁过度砍伐森林，就地保护现存的野生植株，进行人工繁殖。

图 182

183.大花羊耳蒜　图 183-1、图 183-2

Liparis distans C. B. Clarke

保护级别：拟公布的国家二级重点保护植物。

隶属科属：兰科Orchidaceae、羊耳蒜属 *Liparis* 。

形态特征：多年生附生兰，植株高达20cm。假鳞茎密集，近圆柱形或窄卵状圆柱形，顶端或近顶端具2枚叶。叶倒披针形或线状倒披针形，纸质，长15～35cm，宽1～2.8cm，叶柄长2～6cm，有关节。花序长达20cm，具数朵至10余朵花；苞片近钻形；花梗和子房长1.4～2.2cm；花黄绿或桔黄色；萼片线形，长1～1.6cm，宽约2mm，边缘常外卷；侧萼片常略短于中萼片；花瓣近丝状，长1.2～1.6cm，宽0.3～0.5mm；唇瓣宽长圆形、宽椭圆形或圆形，长1～1.4cm，宽1～1.1cm，略有不规则细齿，有爪及具槽的胼胝体；蕊柱长5～6mm，上部具窄翅，基部稍扩大。蒴果窄倒卵状长圆形，长1.5～1.8cm。花期10月至次年2月，果期次年6～7月。

生境特点：生于海拔1000～2400m山坡林下、沟谷树上或岩石上。

地理分布：巫溪县等。台湾、海南、广西、重庆、四川、贵州、云南等。印度、泰国、老挝、越南等。

保护价值：可盆栽供观赏。

工程影响：受三峡工程间接影响程度较小。

保护措施：严禁不合理采挖野生植株。在分布较集中的地方建立自然保护点就地保护。

图 183-1

图 183-2

图 184-1

图 184-2

184.小羊耳蒜 图 184-1、图 184-2

Liparis fargesii Finet

保护级别： 拟公布的国家二级重点保护植物。

隶属科属： 兰科Orchidaceae、羊耳蒜属 *Liparis*。

形态特征： 多年生附生兰，植株高达5cm。常丛生。假鳞茎近圆柱形，长0.7～1.4cm，平卧，新假鳞茎发自老假鳞茎近顶端的下方，顶端具1枚叶。叶椭圆形或长圆形，坚纸质，长1～2cm，宽5～8mm，基部骤窄成柄，有关节；叶柄长3～6mm。总状花序长1～2cm，常具2～3朵花；苞片长1～1.8mm；花淡绿色；萼片线状披针形，长5～6mm，宽1.2～1.4mm，具1条脉；花瓣窄线形，长5～6mm，宽约0.3mm；唇瓣近长圆形，中部略缢缩呈提琴形，长4～5mm，上部宽2.5～3mm，先端近平截，微凹，有细尖，略厚；蕊柱长3～3.5mm，上端有窄翅。蒴果倒卵形，长6～7mm，宽3～4mm。花期9～10月，果期次年5～6月。

生境特点： 生长于海拔400～1400m山坡林中、阴蔽处的石壁或岩石上。

地理分布： 秭归县、兴山县、巴东县、巫溪县、云阳县等。陕西、甘肃、湖北、湖南、重庆、四川、贵州、云南等。

保护价值： 全草入药，具有清热、润肺止咳的功效，主治肺结核咳嗽、风湿麻木、跌打损伤、小儿惊风等症。可盆栽供观赏。

工程影响： 受三峡工程间接影响程度较大。

保护措施： 严禁过度采挖野生植株，建立自然保护点就地保护。

图 185-1

图 185-2

图 185-3

185.羊耳蒜 图 185-1～图 185-4

Liparis japonica (Miq.) Maxim.

保护级别：拟公布的国家二级重点保护植物。

隶属科属：兰科Orchidaceae、羊耳蒜属 *Liparis*。

形态特征：多年生地生兰，植株高达20cm。假鳞茎卵形，长0.5～1.2cm，被白色薄膜质鞘。叶2枚，卵形或近椭圆形，膜质或草质，长5～10cm，基部成鞘状柄。花序具数朵至10余朵花；苞片长2～3mm；花常淡绿色，有时粉红或带紫红色；萼片线状披针形，长7～9mm，宽1.5～2mm；侧萼片稍斜歪；花瓣丝状，长7～9mm，宽约0.5mm；唇瓣近倒卵形，长6～8mm，有不明显细齿或近全缘，基部渐窄；蕊柱长2.5～3.5mm，上端略有翅，基部扩大。蒴果倒卵状长圆形，长0.8～1.3cm，宽4～6mm。花期6～8月，果期9～10月。

生境特点：生于海拔600～2200m山坡林下、灌丛下或草丛中阴蔽处。

地理分布：夷陵区、兴山县、万州区、石柱县等。黑龙江、吉林、辽宁、河北、山西、内蒙古、陕西、甘肃、青海、山东、安徽、河南、湖南、重庆、四川、贵州、云南、西藏等。日本、朝鲜半岛、俄罗斯等。

保护价值：全草入药，具有止血止痛、润肺止咳的功效。主治产后腹痛、扁桃体炎、头晕等症。

工程影响：受三峡工程间接影响程度较大。

保护措施：严禁过度砍伐森林，就地保护现存的野生植物。

图 185-4

被子植物

186.见血青　（脉羊耳兰）　图 186－1、图 186－2

Liparis nervosa (Thunb.ex A. Murray) Lindl.

保护级别：拟公布的国家二级重点保护植物。

隶属科属：兰科Orchidaceae、羊耳蒜属 *Liparis* 。

形态特征：多年生地生兰，植株高达25cm。叶2～5枚，卵形或卵状椭圆形，膜质或草质，长5～11cm，基部成鞘状柄，无关节。花序具数朵至10余朵花；苞片三角形；花紫色；中萼片线形或宽线形，长0.8～1cm，边缘外卷；侧萼片窄卵状长圆形，稍斜歪，长6～7mm；花瓣丝状，长7～8mm，宽约0.5mm；唇瓣长圆状倒卵形，长约6mm，先端平截，微凹，基部具2枚近长圆形胼胝体；蕊柱长4～5mm，上部两侧有窄翅。蒴果倒卵状长圆状形或窄椭圆形，长约1.5cm。花期2～7月，果期10月。

生境特点：生于海拔500～1500m山坡林下、溪谷旁、草丛阴蔽处或岩石覆土上。

地理分布：巴东县、云阳县、万州区、江津市等。浙江、江西、福建、台湾、湖南、广东、广西、重庆、四川、贵州、云南、西藏等。全球热带与亚热带地区。

保护价值：全草入药，具有止血凉血、清热解毒的功效，主治吐血、热毒疮疡、蛇咬伤等症。可盆栽供观赏。

工程影响：受三峡工程间接影响程度较大。

保护措施：严禁不合理采挖野生植株，建立自然保护点就地保护。

图 186－1

图 186－2

187.风兰　图 187

Neofinetia falcata (Thunb. ex A.Murray) H. H. Hu

保护级别：拟公布的国家二级重点保护植物。

隶属科属：兰科Orchidaceae、风兰属 *Neofinetia*。

形态特征：多年生附生兰，植株高达10cm。叶厚革质，窄长圆状镰形，长5～12cm，宽0.7～1cm。花序长约1cm，具2～3朵花；花梗和子房长2.8～5cm；花白色；中萼片近倒卵形，长0.8～1cm；侧萼片与中萼片相似，上部外弯，背面中肋近先端处龙骨状隆起；花瓣近匙形，长0.8～1cm；唇瓣肉质；侧裂片长圆形，长约4mm；中裂片舌形，长7～8mm，先端凹缺，基部具胼胝体；距弧形弯曲，长3.5～5cm，直径1.5～2mm。花期4月。

生境特点：生于海拔1520m山坡林中树干上。

地理分布：巴东县、万州区等。甘肃、浙江、江西、福建、湖北、重庆、四川等。日本、朝鲜半岛等。

保护价值：风兰形体雅观，可做园艺观赏植物。

工程影响：受三峡工程间接影响程度较小。

保护措施：严禁过度砍伐森林，保护生态环境，促进天然更新。采取就地保护方式，人工繁育幼苗。

图 187

188.二叶兜被兰　图 188-1、图 188-2

Neottianthe cucullata (L.) Schltr.

保护级别：拟公布的国家二级重点保护植物。

隶属科属：兰科Orchidaceae、兜被兰属 *Neottianthe*。

形态特征：多年生地生兰，植株高达24cm。茎基部具2枚近对生叶，其上具1～4枚小叶。叶卵形、卵状披针形或椭圆形，长4～6cm，先端尖或渐尖，基部短鞘状抱茎。花序具几朵至10余朵花，常偏向一侧；苞片披针形；花紫红或粉红色；萼片在3/4以上靠合成兜；中萼片披针形，长5～6mm，宽约1.5mm；侧萼片斜镰状披针形，长6～7mm，基部宽1.8mm；花瓣披针状线形，长约5mm，宽0.5mm，与中萼片贴生；唇瓣长7～9mm，上面和边缘具乳突，基部楔形，3裂；距细圆筒状锥形，中部前弯，近U字形，长4～5mm。花期8～9月。

生境特点：生于海拔400～2100m山坡林下或草丛中。

地理分布：巫溪县等。黑龙江、吉林、辽宁、河北、山西、内蒙古、陕西、甘肃、青海、安徽、浙江、江西、福建、河南、重庆、四川、云南、西藏等。朝鲜半岛、日本、俄罗斯、蒙古、中亚、西欧、尼泊尔等。

保护价值：可盆栽供观赏。

工程影响：受三峡工程间接影响程度较大。

保护措施：严禁不合理采挖野生植株，建立自然保护点就地保护。

图 188-1

图 188-2

189.兜被兰　图 189

Neottianthe pseudo-diphylax (Kraenzl.) Schltr.

保护级别： 拟公布的国家二级重点保护植物。

隶属科属： 兰科Orchidaceae、兜被兰属 *Neottianthe*。

形态特征： 多年生地生兰，植株高达20cm。茎具1枚叶，在叶之上无不育苞片。叶长圆状披针形或长圆状倒披针形，长4～7cm，基部具抱茎鞘。总状花序具4～8朵花，长2～3.5cm；花粉红色，偏向一侧；萼片在3/4以上紧密结合成兜，兜长6～7mm，宽4～5mm；中萼片披针形，凹陷，长5.5～6mm，宽1.8～2mm；侧萼片斜披针形，长6.5～7mm，宽1.4～2.5mm；花瓣狭线形，长5～5.5mm，宽0.7～1mm；唇瓣长6～7mm，上面具密的细乳突，基部楔形，中部以上3裂；侧裂片小，三角形或三角形状披针形，长1mm；中裂片长方形，长5mm，宽2～3mm，先端钝；距圆锥形或近粗圆筒状，近末端略溢缩，长4～5mm，末端钝。花期8～9月。

生境特点： 生于海拔约2800m山坡林下。

地理分布： 巴东县、巫溪县等。陕西、甘肃等。

保护价值： 可盆栽供观赏。

工程影响： 受三峡工程间接影响程度较小。

保护措施： 严禁采挖野生植株，采取就地保护方式，人工繁殖幼苗。

图 189

图 190-1

图 190-2

190.广布红门兰　图 190-1、图 190-2

Orchis chusua D. Don

保护级别： 拟公布的国家二级重点保护植物。

隶属科属： 兰科Orchidaceae、红门兰属*Orchis*。

形态特征： 多年生地生兰，植株高达45cm。块茎长圆形或球形，肉质。茎具2～3枚叶。叶长圆状披针形、披针形、线状披针形或线形，长3～15cm，宽0.2～3cm，基部鞘状抱茎。花序具1～20余朵花，多偏向一侧；花紫红或粉红色；中萼片舟状、长圆形或卵状长圆形，长5～7mm；侧萼片斜卵状披针形，长6～8mm；花瓣斜窄卵形、宽卵形或窄卵状长圆形，长5～6mm，唇瓣较萼片长且宽，3裂；中裂片长圆形、四方形或卵形；侧裂片镰状长圆形或近三角形；距圆筒状或圆筒状锥形，常向后斜展或近平展，常长于子房。花期6～8月，果期7～9月。

生境特点： 生于海拔500～2500m山坡林下、灌丛下或草丛中。

地理分布： 巴东县、石柱县等。黑龙江、吉林，内蒙古、陕西、宁夏、甘肃、青海、湖北、重庆、四川、云南、西藏等。朝鲜半岛、日本、俄罗斯、尼泊尔、锡金、不丹、印度、缅甸等。

保护价值： 可盆栽供观赏。

工程影响： 受三峡工程间接影响程度较大。

保护措施： 严禁过度采挖野生植株，采取就地保护方式，人工繁殖幼苗。

191.长叶山兰　图 191-1、图 191-2

Oreorchis fargesii Finet

保护级别：拟公布的国家二级重点保护植物。

隶属科属：兰科Orchidaceae、山兰属 *Oreorchis*。

形态特征：多年生地生兰，植株高达15cm。叶2枚，线状披针形或线形，长20～28cm，宽0.8～1.8cm，纸质。花葶侧生，长20～30cm。总状花序长2～6cm，具较密集的花；苞片长3～5mm；花常白色并有紫纹；萼片长圆状披针形，长0.9～1.1cm，宽2.5～3.5mm；侧萼片歪斜并略宽于中萼片；花瓣窄卵形或卵状披针形，长0.9～1cm，宽3～3.5mm；唇瓣长圆状倒卵形，长7.5～9mm，近基部3裂，有长约1mm的爪；侧裂片线形，长2～3mm；中裂片近椭圆状倒卵形；唇盘2侧裂片间具1枚褶片状胼胝体；蕊柱长约3mm。蒴果窄椭圆形，长约2cm。花期5～6月，果期9～10月。

生境特点：生于海拔1000～1800m山坡林下、灌丛下或沟谷旁。

地理分布：夷陵区、秭归县、石柱县等。陕西、甘肃、浙江、福建、台湾、湖北、湖南、广西、重庆、四川等。

保护价值：假鳞茎入药，具有活血祛瘀、消肿止痛的功效。可供观赏。

工程影响：受三峡工程间接影响程度较小。

保护措施：采取就地保护方式，人工繁殖幼苗。

图 191-2

图 191-1

192.黄花鹤顶兰（斑叶鹤顶兰） 图 192-1、图 192-2

Phaius flavus (Bl.) Lindl.

保护级别：拟公布的国家二级重点保护植物。

隶属科属：兰科Orchidaceae、鹤顶兰属*Phaius*。

形态特征：多年生地生兰，植株高达100cm。假鳞茎卵状圆锥形，具2～3节。叶长椭圆形或椭圆状披针形，长25cm以上，宽5～10cm，基部收窄成柄。花葶不高出叶层，长75cm，具数朵至20余朵花；花柠檬黄色；中萼片长圆状倒卵形，长3～4cm；侧萼片斜长圆形，与中萼片等长，稍窄；花瓣长圆状倒披针形，与萼片近等长；唇瓣倒卵形，长2.5cm，前端3裂；侧裂片包蕊柱，先端圆；中裂片近圆形，稍反卷，先端稍凹，前端边缘褐色，皱波状，上面具3～4条稍隆起褐色脊突；距白色，长7～8mm。花期4～10月。

地理分布：巴东县等。浙江、福建、台湾、湖北、湖南、广东、香港、海南、广西、重庆、四川、贵州、云南、西藏等。喜马拉雅、印度、日本、中南半岛、东南亚等。

生境特点：生于海拔300～2500m山坡林下阴湿处。

保护价值：假鳞茎入药，主治跌打损伤、四肢筋骨疼痛、咳嗽痰多、乳腺炎等症。花朵大型，较多，花期长，可作观赏植物。

工程影响：受三峡工程间接影响程度较大。

保护措施：严禁过度采挖野生植株，采取就地保护方式，人工繁殖幼苗。

图 192-1

图 192-2

193.细叶石仙桃　图 193

Pholidota cantonensis Rolfe

保护级别：拟公布的国家二级重点保护植物。

隶属科属：兰科Orchidaceae、石仙桃属 *Pholidota*。

形态特征：多年生附生兰，植株高达10cm。根状茎匍匐，分枝。假鳞茎窄卵形或卵状长圆形，长1～2cm，顶生2枚叶。叶线形或线状披针形，纸质，长2～8cm，宽5～7mm；叶柄长2～7mm。花序具10余朵花；苞片卵状长圆形，早落；花白或淡黄色，直径约4mm；中萼片卵状长圆形，长3～4mm，稍呈舟状，背面略具龙骨状突起；侧萼片卵形，斜歪，略宽于中萼片；花瓣宽卵状菱形或宽卵形，长、宽均2.8～3.2mm；唇瓣宽椭圆形，长约3mm，凹入成舟状，先端近平截或钝；唇盘无附属物；蕊柱[illegible]长约2mm。蒴果倒卵形，长6～8mm。花期4月，果期8～9月。

生境特点：生于海拔200～850m山坡林下或阴蔽处岩石上。

地理分布：夷陵区等。浙江、福建、江西、台湾、湖南、广东、广西等。

保护价值：叶色鲜绿光亮，清雅别致，花美丽，可供观赏。

工程影响：受三峡工程间接影响程度较大。

保护措施：严禁过度砍伐森林和不合理采挖野生植株，采取就地保护方式，人工繁殖幼苗。

图 193

被子植物

194.舌唇兰　图 194-1、图 194-2

Platanthera japonica (Thunb. ex A. Murray) Lindl.

保护级别：拟公布的国家二级重点保护植物。

隶属科属：兰科Orchidaceae、舌唇兰属 *Platanthera*。

形态特征：多年生地生兰，植株高达70cm。茎具4～6枚叶，下部叶椭圆形或长椭圆形，长10～18cm，基部鞘状抱茎，上部叶披针形。花序具10～28朵花；花白色；中萼片舟状，卵形，长7～8mm；侧萼片，斜卵形，长8～9mm；花瓣线形，长6～7mm，与中萼片靠合呈兜状；唇瓣线形，长1.3～1.5cm；距细圆筒状至丝状，长3～6cm，弧曲，较子房长；柱头1枚，凹下，位于蕊喙以下穴内。蒴果淡绿色。花期5～7月，果期7～8月。

生境特点：生于海拔600～2600m山坡林下或草丛中。

地理分布：兴山县、巴东县、巫溪县、奉节县、云阳县等。陕西、甘肃、江苏、安徽、浙江、河南、湖北、湖南、广西、重庆、四川、贵州、云南等。朝鲜半岛、日本等。

保护价值：全草入药，具有润肺、祛痰止咳的功效。

工程影响：受三峡工程间接影响程度较大。

保护措施：严禁过度砍伐森林，就地保护现存的野生植株，促进天然更新，人工繁殖幼苗。

繁殖方式：组织培养繁殖、分株繁殖、种子繁殖。

图 194-2

图 194-1

195.尾瓣舌唇兰　图 195

Platanthera mandarinorum Rchb. f.

保护级别：拟公布的国家二级重点保护植物。

隶属科属：兰科Orchidaceae、舌唇兰属 *Platanthera*。

形态特征：多年生地生兰，植株高达45cm。茎下部具1枚大叶，其上具2～4枚披针形小叶。大叶椭圆形、长圆形，长5～10cm，宽1.5～2.5cm，基部鞘状抱茎。花序疏生7～20余朵花，长6～22cm；苞片披针形，长1～1.6cm；花黄绿色；中萼片宽卵形或心形，凹入，长4～4.5mm；侧萼片斜长圆状披针形或宽披针形，长6.5～7mm；花瓣淡黄色，长5～6mm，上部尾状线形，向外张开，不与中萼片靠合；唇瓣淡黄色，下垂，披针形或舌状披针形，长7～8mm，宽约1mm，先端钝；距细圆筒状，长2～3cm，向后斜伸，有时稍上举；粘盘近圆形；柱头1枚，凹下，位于蕊喙之下穴内。花期4～6月。

生境特点：生于海拔500～1500m的山坡林下或草丛中。

地理分布：兴山县、巴东县等。陕西、山东、江苏、安徽、浙江、江西、福建、河南、湖北、湖南、广东、广西、重庆、四川、贵州、云南等。朝鲜半岛、日本等。

保护价值：全草入药，具有养阴润肺、益气生津的功效。可供观赏。

工程影响：受三峡工程间接影响程度较大。

保护措施：采取就地保护和迁地保护相结合方式，人工繁殖幼苗。

图 195

被子植物

196.独蒜兰　图 196

Pleione bulbocodioides (Franch.) Rolfe

保护级别：拟公布的国家二级重点保护植物。

隶属科属：兰科Orchidaceae、独蒜兰属 *Pleione*。

形态特征：多年生半附生兰，植株高达15cm。假鳞茎卵形或卵状圆锥形，上端有颈，顶端1枚叶。花期叶幼嫩。叶窄椭圆状披针形或近倒披针形，纸质，长10～25cm。苞片长于花梗和子房；花粉红至淡紫色，唇瓣有深色斑；中萼片近倒披针形，长3.5～5cm；侧萼片与中萼片等长；花瓣倒披针形，稍斜歪，长3.5～5cm；唇瓣倒卵形，长3.5～4.5cm，3微裂，上部边缘撕裂状，常具4～5枚褶片，褶片啮蚀状；蕊柱长2.7～4cm。蒴果近长圆形，长2.7～3.5cm。花期4～6月。

生境特点：生于海拔500～2000m林下、灌木林缘腐殖质丰富的土壤上或苔藓覆盖的岩石上。

地理分布：夷陵区、秭归县、兴山县、巴东县、万州区、石柱县、江津市等。陕西、甘肃、安徽、浙江、江西、河南、湖北、湖南、广东、广西、重庆、四川、贵州、云南、西藏等。

保护价值：假鳞茎入药，有小毒，具有清热解毒、消肿散结的功效，主治痈肿疔毒、淋巴结结核、蛇咬伤等症。可供观赏。

工程影响：受三峡工程间接影响程度较大。

保护措施：采取就地保护方式，人工繁殖幼苗。

图 196

197.美丽独蒜兰　图 197

Pleione pleionoides (Kraenzl. ex Diels) Braem et H. Mohr

保护级别： 拟公布的国家二级重点保护植物。

隶属科属： 兰科Orchidaceae、独蒜兰属 *Pleione*。

形态特征： 多年生地生或半附生草本，植株高达15cm。假鳞茎圆锥形，顶端具1枚叶。叶椭圆状披针形，纸质，长14～20cm，宽约2.5cm。苞片线状披针形，长2.5～3.1cm，长于花梗和子房；花玫瑰紫色，唇瓣上具黄色褶片；中萼片狭椭圆形，长4～6.5cm，宽6～13mm，先端急尖；侧萼片狭椭圆形，略斜歪，稍宽于中萼片；花瓣倒披针形，稍镰刀状，长4.2～6.4cm，宽5～10mm；唇瓣近菱形至倒卵形，长4.2～5.5cm，宽3.5～4.2cm，3裂，前部边缘具细齿，上面具2或4枚褶片，褶片具细齿；蕊柱长3.5～4.5cm。花期6月。

生境特点： 生于海拔1700～2200m山谷林下腐殖质丰富、苔藓覆盖的岩石上或岩壁上。

地理分布： 兴山县等。湖北、贵州、重庆、四川等。

保护价值： 可供观赏。

工程影响： 受三峡工程间接影响程度较小。

保护措施： 严禁砍伐森林，就地保护残存的野生植株，促进天然更新，进行人工繁殖。

图 197

198.朱兰　（四月一支花）　图 198

Pogonia japonica Rchb. f.

保护级别： 拟公布的国家二级重点保护植物。

隶属科属： 兰科Orchidaceae、朱兰属 *Pogonia*。

形态特征： 多年生地生兰，植株高达25cm。茎中部或上部具1枚叶。叶近长圆形或长圆状披针形，长3.5～6cm。苞片叶状，长1.5～2.5cm；花单朵顶生，常紫红或淡紫红色；萼片窄长圆状倒披针形，长1.5～2.2cm，中脉两侧不对称；花瓣与萼片相似，宽3.5～5mm；唇瓣近窄长圆形，长1.4～2cm，3裂；侧裂片顶端有不规则缺刻或流苏；中裂片舌状或倒卵形，具流苏状齿缺；唇瓣基部有2～3条纵褶片延至中裂片，中裂片有鸡冠状流苏或流苏状毛；蕊柱细，长0.7～1cm，上部具窄翅。蒴果长圆形，长2～2.5cm。花期5～7月，果期9～10月。

生境特点： 生于海拔500～2200m山顶草丛中、山谷旁林下、灌丛下湿地或其他湿润之地。

地理分布： 夷陵区、兴山县、巴东县、巫溪县、云阳县、石柱县、万州区等。黑龙江、吉林、内蒙古、山东、安徽、浙江、江西、福建、湖北、湖南、广西、重庆、四川、贵州、云南等。日本、朝鲜半岛等。

保护价值： 全株入药，具有消肿解毒、止血的功效，主治蛇咬伤等症。可做牧草用。

工程影响： 受三峡工程间接影响程度较大。

保护措施： 建立自然保护点就地保护，人工繁殖。

图 198

199.短茎萼脊兰　图 199-1、图 199-2

Sedirea subparishii (Z. H. Tsi) Christenson

保护级别： 拟公布的国家二级重点保护植物。

隶属科属： 兰科Orchidaceae、萼脊兰属 *Sedirea*。

形态特征： 多年生附生兰，植株高达7cm。叶近基生，长圆形或倒卵状披针形，长5.5～19cm，宽1.5～3.4cm。花序长达10cm；花黄绿色带淡褐色斑点；中萼片近长圆形，长1.6～2cm，先端[illegible]下弯，背面中肋翅状；侧萼片与中萼片相似较窄，背面中肋翅状；花瓣近椭圆形，长1.5～1.8cm，先端尖；唇瓣3裂；侧裂片半圆形；中裂片，窄长圆形，长6mm，宽约1.2mm，背面近先端具喙状突起，上面具褶片，全缘；距角状，长约1cm，距口前方具圆锥形胼胝体；蕊柱长约1cm。花期5月。

生境特点： 生于海拔300～1100m山坡林中树干上。

地理分布： 巫山县等。浙江、福建、湖北、湖南、广东、重庆、四川、贵州等。

保护价值： 花美丽，作观赏植物。

工程影响： 受三峡工程间接影响程度较大。

保护措施： 采取就地保护和迁地保护相结合方式加以保护。

图 199-2

图 199-1

200.绶草 图 200-1、图 200-2

Spiranthes sinensis (Pers.) Ames

保护级别：拟公布的国家二级重点保护植物。

隶属科属：兰科Orchidaceae、绶草属 *Spiranthes*。

形态特征：多年生地生兰，植株高达30cm。茎近基部生2～5枚叶。叶宽线形或宽线状披针形，长3～10cm，宽0.5～1cm。总状花序密生多花，螺旋状扭转；花紫红、粉红或白色；中萼片窄长圆形，舟状，长4mm，宽1.5mm，与花瓣靠合成兜状；侧萼片斜披针形，长5mm；花瓣斜菱状长圆形，与中萼片等长，较薄；唇瓣宽长圆形，凹入，长4mm，边缘具皱波状啮齿，唇瓣基部浅囊状，囊内具2枚胼胝体。花期7～8月，果期8～10月。

生境特点：生于海拔200～2400m山坡林下、灌丛下或草丛中。

地理分布：夷陵区、秭归县、兴山县、巴东县、云阳县、万州区等。黑龙江、吉林、辽宁、河北、山西、内蒙古、陕西、宁夏、甘肃、青海、山东、江苏、安徽、浙江、江西、福建、台湾、河南、湖北、湖南、广东、香港、海南、广西、四川、贵州、云南、西藏等。俄罗斯、蒙古、朝鲜半岛、日本、阿富汗、不丹、印度、缅甸、越南、泰国、菲律宾、马来西亚、澳大利亚等。

保护价值：全草入药，具有补脾清肺、滋阴益气、凉血解毒、止血的功效，主治神经衰弱、咳嗽吐血、扁桃体炎等症。粉红色的花螺旋状排列，可做观赏植物。

工程影响：受三峡工程间接影响程度较大。

保护措施：个体数量逐步减少，分布范围变窄。采取就地保护方式，人工繁殖幼苗。

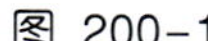

图 200-1

图 200-2

附录1 三峡库区珍稀濒危保护植物名录

以《中国植物红皮书》（第一册）、《华中珍稀濒危植物及其保存》、《稀有濒危植物迁地保护的原理与方法》、《国家重点保护野生植物名录》等为依据收集，三峡库区国家级珍稀濒危保护植物有288种，根据物种科研价值、经济价值以及在三峡库区分布多寡程度，作者建议列为三峡库区珍稀濒危植物有62种。在三峡库区350种珍稀濒危保护植物中，其中200种植物已在前文中从濒危类别或保护级别、形态特征、生境特点、地理分布、保护价值、工程影响、保护措施等方面进行了详尽的叙述，为了节省篇幅，本附录不再赘述，剩下的150种珍稀濒危保护植物从濒危类别或保护级别、生长性状、生境特点、地理分布等方面依次列出。

一、蕨类植物 Pteridophyta

1. 桫椤科 Cyatheaceae

粗齿桫椤（齿牙黑桫椤） *Alsophila denticulata* Baker

国家二级重点保护植物。树形蕨类植物。生于海拔350～1520m山谷疏林、常绿阔叶林下或林缘沟边。长寿区、巴南区、江津市等。浙江、江西、福建、台湾、湖南、广东、香港、广西、重庆、四川、贵州、云南等。日本等。

小黑桫椤 *Alsophila metteniana* Hance

国家二级重点保护植物。树形蕨类植物。生于低海拔山坡林下、溪旁或沟边。巴南区、江津市等。江西、福建、台湾、广东、广西、重庆、四川、贵州、云南等。日本等。

光叶小黑桫椤 *Alsophila metteniana* Hance var. *subglabra* Ching et Q. Xia

国家二级重点保护植物。树形蕨类植物。生于低山阔叶林下或沟谷中。巴南区等。福建、台湾、广东、重庆、四川、贵州、云南等。日本等。

2. 鳞毛蕨科 Dryopteridaceae

单叶贯众 *Cyrtomium hemionitis* Christ

国家二级重点保护植物。多年生草本。生于海拔1100～1800m山坡林下。武隆县等。云南、贵州、广西、重庆等。

二、裸子植物 Gymnospermae

3. 苏铁科 Cycadaceae

攀枝花苏铁 *Cycas panzhihuaensis* L. Zhou et S. Y. Yang

濒危种，国家一级重点保护植物。常绿木本植物。栽培于三峡库区庭院或公园内。重庆、四川、云南等。

4. 松科 Pinaceae

大果铁杉 *Tsuga chinensis* (Franch.) Pritz. var. *robusta* Cheng et L. K. Fu

建议列为三峡库区珍稀濒危植物。常绿乔木。生于海拔1800m山坡林中。巴东县等。湖北等。

丽江铁杉 *Tsuga forrestii* Downie

渐危种。常绿乔木。生于海拔2100m山坡林中。巴东县、兴山县等。重庆、四川、贵州、云南等。

三、被子植物 Angiospermae

5. 杨柳科 Salicaceae

兴山柳 *Salix mictotricha* Schneid.

建议列为三峡库区珍稀濒危植物。落叶灌木。生于海拔1300～1700m山坡林中。兴山县等。湖北、重庆等。

6. 胡桃科 Juglandaceae

青钱柳 *Cyclocarya paliurus* (Batal.) Iljinskaja

建议列为三峡库区珍稀濒危植物。落叶乔木。生于海拔500～2500m山坡林中。夷陵区、兴山县、巴东县、奉节县等。陕西、江苏、安徽、浙江、江西、福建、河南、湖北、湖南、广东、广西、重庆、四川、贵州、云南等。

7. 桑科 Moraceae

白桂木 *Artocarpus hypargyreus* Hance

渐危种。常绿乔木。生于海拔160～1600m山坡阔叶林中。涪陵区等。江西、福建、广东、海南、广西、云南等。

8. 荨麻科 Urticaceae

红花冷水花 *Pilea rubriflora* C. H. Wright

建议列为三峡库区珍稀濒危植物。多年生草本或亚灌木。生于海拔约800m山坡阴湿处。夷陵区等。湖北、重庆等。

9. 马兜铃科 Aristolochiaceae

木通马兜铃 *Aristolochia manshuriensis* Kom.

拟公布的国家二级重点保护植物。落叶或常绿木质大藤本。生于海拔100～2200m山坡阴湿针阔叶混交林中。兴山县、巴东县、巫山县、巫溪县等。黑龙江、吉林、辽宁、山西、陕西、甘肃、河南、湖北、重庆、四川等。朝鲜、俄罗斯等。

10. 石竹科 Caryophyllaceael

大老岭孩儿参 *Pseudostellaria dalaolingensis* Z. E. Zhao et J. Q. Wu

建议列为三峡库区珍稀濒危植物。多年生草本。生于海拔2000m山坡林下。夷陵区等。湖北等。

11. 毛茛科 Ranunculaceae

南川升麻 *Cimicifuga nanchuanensis* Hsiao

拟公布的第二批国家级珍稀濒危植物。多年生草本。生于低海拔山坡林下。涪陵区等。重庆、四川等。

12. 木兰科 Magnoliaceae

天女木兰 *Magnolia sieboldii* K. Koch

渐危种。落叶小乔木。生于海拔1600～2000m山坡林中。夷陵区等。吉林、辽宁、河北、安徽、福建、江西、湖北、湖南、广西、贵州等。朝鲜、日本等。

峨眉含笑 *Michelia wilsonii* Finet et Gagnep.

濒危种，国家二级重点保护植物。常绿乔木。生于海拔600～2000m山坡林中。巴东县等。湖北、重庆、四川、贵州、云南等。

五味子 *Schisandra chinensis* (Turcz.) Baill.

拟公布的国家二级重点保护植物。落叶木质藤本。生于海拔1200～1700m沟谷、溪边或山坡。夷陵区、秭归县、兴山县、巴东县、巫山县、巫溪县等。黑龙江、吉林、辽宁、河北、山西、内蒙古、宁夏、甘肃、山东、河南、湖北、重庆等。朝鲜、日本等。

13. 蜡梅科 Calycanthaceae

夏蜡梅 *Sinocalycanthus chinensis*（Cheng et S. Y. Chang）Cheng et S. Y. Chang

—*Chimonanthus chinensis* Cheng et S. Y. Chang 中国植物志，1979. 30（2）：3.

国家二级重点保护植物。落叶灌木。栽培于三峡库区低海拔地区城市公园内或村旁。浙江等。

14. 樟科 Lauraceae

油樟 *Cinnamomum longepaniculatum* (Gamble) N. Chao ex H. W. Li

国家二级重点保护植物。常绿乔木。生于海拔600～2000m山坡或山谷常绿阔叶林中。巴东县等。陕西、湖北、重庆、四川等。

小果润楠（润楠） *Machilus microcarpa* Hemsl.

国家二级重点保护植物。常绿乔木。生于海拔1500m以下山坡阔叶混交林中。湖北、湖南、重庆、四川、贵州等。

川鄂新樟 *Neocinnamomum fargesii* (Lecomte) Kosterm.

建议列为三峡库区珍稀濒危植物。常绿小乔木或灌木状。生于海拔600～1300m山坡灌丛中。秭归县、兴山县、巴东县、巫溪县、奉节县等。湖北、重庆、四川等。

粉叶新木姜子 *Neolitsea aurata* (Hay.) Koidz. var. *glauca* Yang

建议列为三峡库区珍稀濒危植物。常绿乔木。生于海拔800～850m山坡阔叶林中。夷陵区等。湖北、重庆等。

15. 虎耳草科 Saxifragaceae

赤壁木 *Decumaria sinensis* Oliv.

建议列为三峡库区珍稀濒危植物。攀援灌木。生于海拔600～1300m山坡岩石缝灌丛中。兴山县、巴东县等。山西、甘肃、河南、湖北、湖南、重庆、四川、贵州等。

16. 金缕梅科 Hamamelidaceae

半枫荷 *Semiliquidambar cathayensis* H. T. Chang

稀有种，拟公布的国家二级重点保护植物。常绿乔木。武隆县等。江西、福建、广东、海南、广西、重庆、贵州等。

17. 蔷薇科 Rosaceae

甘肃桃 *Amygdalus kansuensis* (Rehd.) Skeels

拟公布的国家二级重点保护植物。落叶乔木或灌木。生于海拔1000～2300m山坡林中。巴东县等。陕西、甘肃、青海、湖北、重庆、四川等。

细齿短梗稠李 *Padus brachypoda* (Batal.) Schneid. var. *microdonta* (Koehne) Yü et Ku

建议列为三峡库区珍稀濒危植物。落叶乔木。生于海拔1000～1500m山坡杂木林中。秭归县等。湖北等。

锐齿西南委陵菜 *Potentilla fulgens* Lehm. var. *acutiserrata* (Yü et Li) Yü et Li

建议列为三峡库区珍稀濒危植物。多年生草本。生于海拔1800～2200m路旁空旷草地上。奉节县等。重庆等。

垂花委陵菜 *Potentilla pendula* Yü et Li

建议列为三峡库区珍稀濒危植物。多年生草本。生于海拔2600m岩石上。巫溪县等。重庆等。

玫瑰 *Rosa rugosa* Thunb.

濒危种。落叶灌木。栽培于低海拔地区城市公园或村旁等。夷陵区、秭归县、兴山县、巴东县等栽培。辽宁、山东等野生，全国各地栽培。日本、朝鲜半岛、俄罗斯等。

巫山悬钩子 *Rubus wushanensis* Yü et Lu

建议列为三峡库区珍稀濒危植物。落叶灌木。生于海拔约2000m山坡灌丛中。巫山县等。重庆等。

18. 豆科 Leguminosae

蒙古黄蓍 *Astragalus membranaceus* (Fisch.) Bunge var. *mongholicus* (Bunge) P. X. Hsiao

渐危种，拟公布的国家二级重点保护植物。多年生草本。栽培于三峡库区低山山坡上。秭归县、巴东县等栽培。黑龙江、河北、山西、内蒙古等。

秦岭黄蓍 *Astragalus henryi* Oliv.

拟公布的第二批国家级珍稀濒危植物。小灌木。生于海拔2500m山坡、水沟旁或杂木林下。兴山县、巴东县等。陕西、甘肃、湖北等。

山豆根（胡豆莲） *Euchresta japonica* Hook. f. ex Regel

濒危种，国家二级重点保护植物。藤状灌木。生于海拔800～1400m山谷或山坡密林中。武隆县等。浙江、江西、湖南、广东、广西、重庆等。日本等。

肥皂荚 *Gymnocladus chinensis* Baill.

建议列为三峡库区珍稀濒危植物。落叶乔木。生于海拔150～1500m杂木林中或村旁、宅旁或路边。秭归县、兴山县、巴东县、奉节县、涪陵区等。江苏、安徽、浙江、江西、福建、湖北、湖南、广东、广西、重庆、四川、贵州等。

19. 芸香科 Rutaceae

宜昌橙 *Citrus ichangensis* Swingle

拟公布的国家二级重点保护植物。常绿小乔木或灌木状。生于海拔600～2500m陡崖、石缝中、山脊或河谷坡地。夷陵区、兴山县、巴东县、巫山县、奉节县、忠县、石柱县、渝北区、江津市等。陕西、甘肃、湖北、湖南、广西、重庆、四川、贵州、云南等。越南、印度、斯里兰卡、缅甸等。

黎檬 *Citrus limonia* Osb.

拟公布的国家二级重点保护植物。常绿小乔木。生于低海拔地区较干燥坡地或河谷两岸坡地。江津市等。福建、台湾、湖南、广东、海南、广西、重庆、四川、贵州、云南等。越南、老挝、柬埔寨、缅甸、印度等。

山橘 *Fortunella hindsii* (Champ.ex Benth.) Swingle

拟公布的国家二级重点保护植物。常绿灌木。生于低海拔山坡疏林下或山谷溪边灌丛中。江津市等。安徽、浙江、江西、福建、湖南、广东、海南、广西、重庆等。

黄檗 *Phellodendron amurense* Rupr.

渐危种，国家二级重点保护植物。落叶乔木。栽培于低海拔地区村旁或山坡。夷陵区、兴山县、武隆县、江津市等栽培。黑龙江、吉林、辽宁、河北、山西、内蒙古、山东、安徽、河南等。俄罗斯、朝鲜、日本等。

20. 楝科 Meliaceae

红椿 *Toona ciliata* Roem.

渐危种，国家二级重点保护植物。落叶或常绿乔木。生于海拔850～2200m山坡疏林中。涪陵区、江津市等。安徽、福建、湖南、广东、海南、广西、重庆、四川、云南、西藏等。印度、中南半岛、马来西亚等。

毛红椿 *Toona ciliata* Roem. var. *pubescens* (Franch.) H.-M.

国家二级重点保护植物。落叶大乔木。生于海拔300～1000m山坡林中。石柱县等。江西、湖北、湖南、广东、重庆、四川、贵州、云南等。

21. 黄杨科 Buxaceae

矮生黄杨 *Buxus sinica* (Rehd. et Wils.) Cheng var. *pumila* M. Cheng

建议列为三峡库区珍稀濒危植物。常绿灌木。生于海拔2100m山坡林下。巴东县等。湖北。

22. 卫矛科 Celastraceae

缙云卫矛 *Euonymus chloranthoides* Yang

拟公布的国家二级重点保护植物。常绿小灌木。生于低海拔山坡路边树荫下。长寿县等。重庆、四川等。

23. 省沽油科 Staphyleaceae

利川瘿椒树 *Tapiscia lichunensis* Cheng et C. D. Chu

拟公布的第二批国家级珍稀濒危植物。落叶乔木。生于海拔600～1000m山坡或沟谷杂木林中。万州区等。湖北、重庆、四川等。

24. 茶茱萸科 Icacinaceae

无须藤 *Hosiea sinensis* (Oliv.) Hemsl. et Wils.

建议列为三峡库区珍稀濒危植物。攀援藤本。生于海拔1200～2100m山谷林中。夷陵区、兴山县、巴东县等。浙江、湖北、湖南、重庆、四川等。

25. 槭树科 Aceraceae

三裂飞蛾槭 *Acer oblongum* Wall. ex DC. var. *trilobum* Henry

建议列为三峡库区珍稀濒危植物。常绿乔木。生于低海拔山坡阔叶林中。夷陵区等。湖北等。

26. 猕猴桃科 Actinidiaceae

绿果猕猴桃 *Actinidia deliciosa* (A. Chev.) C. F. Liang et A. R. Ferguson var. *chlorocarpa* (C. F. Liang) C. F. Liang et A. R. Ferguson

—*Actinidia chinensis* Planch. var. *hispida* C. F. Liang f. *chlorocarpa* C. F. Liang 中国高等植物 4：671. 2000.

拟公布的国家二级重点保护植物。落叶木质藤本。生于海拔800～1400m山坡林中。夷陵区、兴山县、奉节县等。广西、重庆、四川、云南等。

巴东猕猴桃 *Actinidia tetramera* Maxim. var. *badongensis* C. F. Liang

建议列为三峡库区珍稀濒危植物。落叶藤本。生于海拔2300～2400m山坡杂木林中。巴东县等。湖北等。

27. 山茶科 Theaceae

普洱茶 *Camellia assamica* (Mast.) H. T. Chang

稀有种，拟公布的国家二级重点保护植物。巫山县、江津市等。生于低海拔山坡林中。福建、广东、海南、广西、重庆、四川、贵州、云南等。越南、泰国、缅甸、印度等。

滇山茶 *Camellia reticulata* Lindl.

渐危种，拟公布的国家二级重点保护植物。常绿乔木。栽培于三峡库区城市庭院或公园内。云南等。

28. 千屈菜科 Lythraceae

川黔紫薇 *Lagerstroemia excelsa* (Dode) Chun ex S. Lee et L. Lau

拟公布的第二批国家级珍稀濒危植物。落叶大乔木。生于海拔1200～2000m山谷密林中。秭归县等。湖北、重庆、四川、贵州等。

29. 五加科 Araliaceae

细刺五加 *Acanthopanax setulosus* Franch.

渐危种。落叶灌木。生于海拔2000m山坡林下。秭归县、巫溪县等。黑龙江、吉林、辽宁、北京、河北、山西、安徽、湖北、重庆、四川等。

人参 *Panax ginseng* C.A.Mey.

濒危种，拟公布的国家二级重点保护植物。多年生草本。栽培于高海拔地区山坡林下。兴山县、巴东县等栽培。黑龙江、吉林、辽宁等野生或栽培。朝鲜、俄罗斯等。

30. 伞形科 Umbelliferae

明党参 *Changium smyrnioides* H. Wolff

稀有种，拟公布的国家二级重点保护植物。多年生草本。生于海拔200～400m山坡灌丛中、石缝中或山坡草丛中。夷陵区、兴山县等。江苏、安徽、浙江、江西、河南、湖北等。

马蹄芹 *Dickinsia hydrocotyloides* Franch.

拟公布的国家二级重点保护植物。一年生草本。生于海拔1500～2800m山坡林下或沟边。夷陵区、巴东县、武隆县等。湖北、湖南、重庆、四川、贵州、云南等。

裂叶天胡荽 *Hydrocotyle dielsiana* Wolff

建议列为三峡库区珍稀濒危植物。多年生草本。生于海拔1200m山坡路边。巴东县等。湖北等。

31. 山茱萸科 Cornaceae

鞘柄木 *Toricellia angulata* Oliv.

建议列为三峡库区珍稀濒危植物。落叶小乔木。生于海拔1500～2600m山谷林缘或林中。兴山县、巴东县等。重庆、四川、云南、西藏等。不丹、锡金、尼泊尔、越南等。

32. 杜鹃花科 Ericaceae

阔柄杜鹃 *Rhododendron platypodum* Diels

拟公布的第二批国家级珍稀濒危植物。常绿灌木或小乔木。生于海拔1800～2200m山谷岩石或密林中。涪陵区等。重庆、四川等。

大钟杜鹃 *Rhododendron ririei* Hemsl. et Wils.

拟公布的第二批国家级珍稀濒危植物。常绿灌木或小乔木。生于海拔1700～1800m山坡林中。石柱县等。湖北、重庆、四川、贵州等。

33. 报春花科 Primulaceae

秭归过路黄 *Lysimachia rubiginosa* Hemsl. var. *ziguiensis* Z. E. Zhao et J. Q. Wu

建议列为三峡库区珍稀濒危植物。多年生草本。生于海拔1480m山坡林下。秭归县等。湖北等。

黄花珍珠菜 *Lysimachia stenosepala* Hemsl. var. *lutea* Z. E. Zhao et D. X. Li

建议列为三峡库区珍稀濒危植物。多年生草本。生于海拔1000m山谷水沟边。夷陵区等。湖北等。

34. 柿树科 Ebenaceae

川柿 *Diospyros sutchuensis* Yang

拟公布的第二批国家级珍稀濒危植物。落叶乔木。生于海拔1300m山坡林中。奉节县等。重庆、四川等。

35. 野茉莉科 Styracaceae

木瓜红 *Rehderodendron macrocarpum* Hu

渐危种。落叶小乔木。生于海拔1000～1500m山坡密林中。江津市等。广西、重庆、四川、贵州、云南等。越南等。

墨泡（金佛山安息香） *Styrax huanus* Rehd.

拟公布的第二批国家级珍稀濒危植物。落叶乔木。生于海拔1200～2700m山坡林中。巫溪县等。重庆等。

36. 木犀科 Oleaceae

水曲柳 *Fraxinus nigra* Marsh. ssp. *mandschurica* (Rupr.) S. S. Sun

—*Fraxinus mandschurica* Rupr. 中国植物志 61：37. 1992.

渐危种，国家二级重点保护植物。落叶乔木。栽培于海拔1700m山坡疏林中。夷陵区等栽培。黑龙江、吉林、辽宁、河北、山西、内蒙古、陕西、宁夏、甘肃、河南等。朝鲜、日本、俄罗斯等。

扩展女贞 *Ligustrum expansum* Rehd.

拟公布的第二批国家级珍稀濒危植物。常绿灌木。生于海拔600～1300m山坡林中或路旁。兴山县等。湖北、重庆、四川、云南等。

37. 茄科 Solanaceae

天蓬子 *Atropanthe sinensis* (Hemsl.) Pasch.

建议列为三峡库区珍稀濒危植物。多年生草本。生于海拔700～2000m山谷杂木林下阴湿处或沟边。兴山县、巴东县等。湖北、重庆、四川、贵州、云南等。

小米椒 *Capsicum frutescens* L.

拟公布的国家二级重点保护植物。灌木。栽培于低海拔山地农田中。夷陵区、秭归县、兴山县、巴东县等栽培。全国各地栽培。原产墨西哥、南美洲，世界各国普遍栽培。

38. 玄参科 Scrophulariaceae

结球马先蒿 *Pedicularis conifera* Maxim.

建议列为三峡库区珍稀濒危植物。一年生草本。生于海拔2000m以上山坡草丛中。巴东县等。湖北等。

直果草 *Triphysaria chinensis* (D .Y. Hong) D. Y. Hong

— *Orthocarpus chinensis* Hong 中国植物志 67（2）：363. 1979.

拟公布的第二批国家级珍稀濒危植物。一年生草本。生于低海拔山坡草丛中。兴山县等。湖北等。

39. 苦苣苔科 Gesneriaceae

方氏唇柱苣苔 *Chirita fangii* W.T.Wang

建议列为三峡库区珍稀濒危植物。多年生草本。生于山坡岩石上。开县等。重庆等。

全唇苣苔 *Deinocheilos sichuanense* W. T. Wang

建议列为三峡库区珍稀濒危植物。多年生草本。生于山坡岩石上。巫溪县等。重庆、四川等。

柔毛金盏苣苔 *Isometrum villosum* K. Y. Pan

建议列为三峡库区珍稀濒危植物。多年生草本。生于海拔600～1600m岩石上。石柱县等。重庆等。

40. 忍冬科 Caprifoliaceae

短尖忍冬 *Lonicera mucronata* Rehd.

建议列为三峡库区珍稀濒危植物。 落叶灌木。生于海拔800～1500m沟谷灌丛中。兴山县、巴东县、巫山县等。湖北、重庆、四川等。

毛核木 *Symphoricarpos sinensis* Rehd.

建议列为三峡库区珍稀濒危植物。落叶灌木。生于海拔610～2200m山坡灌丛中。秭归县、兴山县等。陕西、甘肃、湖北、重庆、四川、云南等。

41. 菊科 Compositae

毛柄蒲儿根（毛柄华千里光） *Sinosenecio eriopodus*（Cumm.） C. Jeffrey et Y. L. Chen

拟公布的第二批国家级珍稀濒危植物。多年生草本。生于海拔800m山坡疏林下或路边灌草丛中。巴东县等。湖北、湖南等。

42. 禾本科 Gramineae

拟高粱 *Sorghum propinquum* (Kunth) Hitchc.

国家二级重点保护植物。多年生草本。栽培于山坡坡地或药场。巫山县、开县、武隆县、涪陵区等栽培。重庆、台湾等。中南半岛、马来西亚、菲律宾、印度尼西亚等。

43. 百合科 Liliaceae

伊贝母 *Fritillaria pallidiflora* Schrenk

渐危种。多年生草本。栽培于高海拔山坡坡地。秭归县等栽培。新疆等。中亚、天山地区、克什米尔等。

毛牛尾菜 *Smilax riparia* A. DC. var. *pubescens* (C. H. Wright) Wang et Tang

建议列为三峡库区珍稀濒危植物。多年生草质藤本。生于海拔800～1600m山坡或沟谷林下、灌丛中或草丛中。巴东县等。湖北等。

44. 兰科 Orchidaceae

头序无柱兰 *Amitostigma capitatum* T. Tang et F. T. Wang

拟公布的国家二级重点保护植物。多年生地生兰。生于海拔2600～2800m山坡林内阴湿处岩石覆土上。兴山县、巫溪县等。湖北、重庆、四川等。

无柱兰 *Amitostigma gracile* (Bl.) Schltr.

拟公布的国家二级重点保护植物。多年生地生兰。生于海拔700～1500m沟谷或林下阴湿处岩石覆土或山坡灌丛下。巴东县等。辽宁、河北、陕西、甘肃、山东、江苏、安徽、浙江、江西、福建、台湾、河南、湖北、湖南、广西、重庆、四川、贵州等。朝鲜半岛、日本等。

小白及 *Bletilla formosana* (Hayata) Schltr.

拟公布的国家二级重点保护植物。多年生地生兰。生于海拔600～2000m山坡林下、沟谷草丛中、草坡或岩缝中。巫山县等。河南、陕西、甘肃、江西、台湾、海南、广西、重庆、四川、贵州、云南、西藏等。日本等。

梳帽卷瓣兰 *Bulbophyllum andersonii* (Hook. f.) J. J. Smith

拟公布的国家二级重点保护植物。多年生附生兰。生于海拔400～2000m山坡林中树干或林下岩石上。奉节县、武隆县等。广西、重庆、四川、贵州、云南等。锡金、印度、缅甸、越南等。

密花石豆兰 *Bulbophyllum odoratissimum* (J. E. Smith) Lindl.

拟公布的国家二级重点保护植物。多年生附生兰。生于海拔200～2300m山坡林中树干或山谷岩石上。巴东县等。福建、广东、香港、海南、广西、湖北、湖南、重庆、四川、云南、西藏等。热带喜马拉雅经印度东北部至中南半岛等。

毛药卷瓣兰 *Bulbophyllum omerandrum* Hayata

拟公布的国家二级重点保护植物。多年生附生兰。生于海拔600～800m山坡林中树干或山谷岩石上。兴山县等。浙江、福建、台湾、湖北、湖南、广东、广西等。

斑唇卷瓣兰 *Bulbophyllum pectenveneris* (Gagnep.) Seidenf.

拟公布的国家二级重点保护植物。多年生附生兰。生于海拔1000m以下山坡林中树干或岩石上。秭归县、兴山县等。安徽、浙江、福建、台湾、湖北、湖南、广东、香港、海南、广西等。越南、老挝等。

伞花卷瓣兰 *Bulbophyllum umbellatum* Lindl.

拟公布的国家二级重点保护植物。多年生附生兰。生于海拔1000～2200m山坡林中树干上。石柱县等。台湾、重庆、四川、云南、西藏等。喜马拉雅、印度、缅甸、越南、泰国等。

弧距虾脊兰 *Calanthe arcuata* Rolfe

拟公布的国家二级重点保护植物。多年生地生兰。生于海拔1400～2500m山坡林中或山谷岩边。夷陵区、兴山县、万州区等。陕西、甘肃、台湾、湖北、湖南、重庆、四川、贵州、云南、西藏等。

短叶虾脊兰 *Calanthe arcuata* Rolfe var. *brevifolia* Z. H. Tsi

拟公布的国家二级重点保护植物。多年生地生兰。生于海拔1500～1700m山坡林下。兴山县等。陕西、甘肃、湖北、重庆、四川等。

肾唇虾脊兰 *Calanthe brevicornu* Lindl.

拟公布的国家二级重点保护植物。多年生地生兰。生于海拔400～1500m山坡密林下。兴山县、万州区等。湖北、广西、重庆、四川、云南、西藏等。尼泊尔、不丹、锡金、印度等。

少花虾脊兰 *Calanthe delavayi* Finet

拟公布的国家二级重点保护植物。多年生地生兰。生于海拔2700m山谷溪边或林下。石柱县等。甘肃、重庆、四川、云南、西藏等。

疏花虾脊兰 *Calanthe henryi* Rolfe

拟公布的国家二级重点保护植物。多年生地生兰。生于海拔500～1500m山坡林下。夷陵区、兴山县等。湖北、重庆、四川等。

峨边虾脊兰 *Calanthe yuana* T. Tang et F. T. Wang

拟公布的国家二级重点保护植物。多年生地生兰。生于海拔1800m山坡林下。巴东县等。湖北、重庆、四川等。

头蕊兰 *Cephalanthera longifolia* (L.) Fritsch

拟公布的国家二级重点保护植物。多年生地生兰。生于海拔1000～2300m山坡林下、灌丛下、沟边或草丛中。夷陵区、兴山县、巴东县等。山西、陕西、甘肃、安徽、河南、湖北、重庆、四川、云南、西藏等。欧洲、中亚、北非至喜马拉雅等。

戟唇叠鞘兰 *Chamaegastrodia vaginata* (Hook. f.) Seidenf.

拟公布的国家二级重点保护植物。多年生腐生兰。生于海拔1000～1600m山坡或沟谷林下。石柱县等。湖北、重庆、四川等。印度等。

蜈蚣兰 *Cleisostoma scolopendrifolium* (Makino) Garay

拟公布的国家二级重点保护植物。多年生附生兰。生于海拔500～1800m山坡林中树干上。

夷陵区、兴山县等。河北、山东、江苏、安徽、浙江、江西、福建、河南、湖北、重庆、四川等。日本、朝鲜半岛等。

长叶兰 *Cymbidium erythraeum* Lindl.

拟公布的国家二级重点保护植物。多年生附生兰。生于海拔1400～2800m林中、林缘树上或岩石上。石柱县等。广西、重庆、四川、贵州、云南、西藏等。尼泊尔、不丹、锡金、印度、缅甸等。

兔耳兰 *Cymbidium lancifolium* Hook.

拟公布的国家二级重点保护植物。多年生半附生兰。生于海拔300～2200m疏林下、竹林下、林缘或溪谷旁岩石、树干或地上。巴东县、奉节县、云阳县、万州区等。浙江、福建、台湾、湖北、湖南、广东、海南、广西、重庆、四川、贵州、云南、西藏等。喜马拉雅至东南亚、日本等。

对叶杓兰 *Cypripedium debile* Rchb. f.

拟公布的国家二级重点保护植物。多年生地生兰。生于海拔1000～2500m山坡林下、沟边或草坡上。兴山县等。甘肃、台湾、湖北、重庆、四川等。日本等。

毛瓣杓兰 *Cypripedium fargesii* Franch.

拟公布的国家二级重点保护植物。多年生地生兰。生于海拔1900～2800m山坡灌丛、疏林中或草坡。夷陵区、秭归县、兴山县、巴东县等。甘肃、湖北、重庆、四川等。

黄花杓兰 *Cypripedium flavum* P. F. Hunt et Summerh.

拟公布的国家二级重点保护植物。多年生地生兰。生于海拔1800～2800m林下、林缘、灌丛中或草地多石湿润处。巴东县等。宁夏、甘肃、青海、湖北、重庆、四川、云南、西藏等。

斑叶杓兰 *Cypripedium margaritaceum* Franch.

拟公布的国家二级重点保护植物。多年生地生兰。生于海拔800～2800m草坡或疏林下。巴东县等。湖北、重庆、四川、云南等。

离萼杓兰 *Cypripedium plectrochilum* Franch.

拟公布的国家二级重点保护植物。多年生地生兰。生于海拔2000～2800m山坡林下、林缘、灌丛中或草坡多石处。巴东县等。湖北、重庆、四川、云南、西藏等。缅甸等。

曲茎石斛 *Dendrobium flexicaule* Z. H. Tsi，S. C. Sun et L. G. Xu

拟公布的国家二级重点保护植物。多年生附生兰。生于海拔1200m山坡林中树干上。巴东县等。湖北等。

美花石斛 *Dendrobium loddigesii* Rolfe

拟公布的国家二级重点保护植物。多年生附生兰。生于海拔1000～1500m山坡林中树干或山谷岩石上。巴东县等。湖北、广东、海南、广西、贵州、云南等。越南、老挝等。

黄石斛 *Dendrobium tosaense* Makino

拟公布的国家二级重点保护植物。多年生附生兰。生于海拔300～1200m山坡林中树干或山谷崖壁上。夷陵区、秭归县、兴山县等。湖北、江西、台湾等。

单叶厚唇兰 *Epigeneium fargesii* (Finet) Gagnep.

拟公布的国家二级重点保护植物。多年生附生兰。生于海拔400～2400m山坡林中树干或山谷岩石上。兴山县、巴东县、石柱县等。安徽、浙江、江西、福建、台湾、湖北、湖南、广东、广西、重庆、四川、云南等。不丹、印度、泰国等。

火烧兰 *Epipactis helleborine* (L.) Crantz

拟公布的国家二级重点保护植物。多年生地生兰。生于海拔250～2800m山坡林下、草丛或沟边。夷陵区、秭归县、兴山县、奉节县、石柱县等。黑龙江、吉林、辽宁、河北、山西、内蒙古、陕西、宁夏、甘肃、青海、新疆、安徽、河南、湖北、湖南、重庆、四川、贵州、云南、西藏等。不丹、锡金、尼泊尔、阿富汗、伊朗、北非、俄罗斯、欧洲、北美洲等。

裂唇虎舌兰 *Epipogium aphyllum* (F. W. Schmidt) Sw.

拟公布的国家二级重点保护植物。多年生腐生兰。生于海拔1200～2800m山坡林下、岩隙或苔藓地。夷陵区、秭归县等。黑龙江、吉林、辽宁、山西、内蒙古、甘肃、新疆、湖北、重庆、四川、云南、西藏等。锡金、印度、克什米尔、日本、朝鲜半岛、西伯利亚至欧洲等。

马齿毛兰 *Eria szetschuanica* Schltr.

拟公布的国家二级重点保护植物。多年生附生兰。生于海拔1000～2000m山谷岩石上。兴山县等。湖北、湖南、广东、广西、重庆、四川、云南等。

长距美冠兰 *Eulophia faberi* Rolfe

拟公布的国家二级重点保护植物。多年生地生兰。生于海拔1000m草坡或荒地。夷陵区等。江苏、安徽、河南、湖北、湖南、重庆、四川等。

黄天麻 *Gastrodia elata* Bl. f. *flavida* S. Chow

拟公布的国家二级重点保护植物。多年生腐生兰。常生于海拔1500～2000m疏林林缘。兴山县、巴东县等。河南、湖北、重庆、四川、贵州、云南等。

光萼斑叶兰 *Goodyera henryi* Rolfe

拟公布的国家二级重点保护植物。多年生地生兰。生于海拔400～2400m山坡或沟谷林下阴湿处或岩石覆土。夷陵区、兴山县等。甘肃、浙江、江西、台湾、湖北、湖南、广东、广西、重庆、四川、贵州、云南等。日本、朝鲜半岛等。

高斑叶兰 *Goodyera procera* (Ker-Gawl.) Hook.

拟公布的国家二级重点保护植物。多年生地生兰。生于海拔250～1550m山坡或沟谷阔叶林下阴湿处。石柱县等。浙江、福建、台湾、广东、香港、海南、广西、湖北、重庆、四川、贵州、云南、西藏等。尼泊尔、锡金、印度、东南亚、日本等。

手参 *Gymnadenia conopsea* (L.) R. Br.

拟公布的国家二级重点保护植物。多年生地生兰。生于海拔250～2800m山坡林下或草丛中。巴东县等。黑龙江、吉林、辽宁、河北、山西、内蒙古、陕西、甘肃、河南、湖北、重庆、四川、云南、西藏等。朝鲜半岛、日本、俄罗斯至欧洲等。

毛葶玉凤花 *Habenaria ciliolaris* Kraenzl.

拟公布的国家二级重点保护植物。多年生地生兰。生于海拔150～1800m山坡或沟谷林下。夷陵区、秭归县等。甘肃、浙江、江西、福建、台湾、湖北、湖南、广东、香港、海南、广西、重庆、四川、贵州、云南等。

长距玉凤花 *Habenaria davidii* Franch.

拟公布的国家二级重点保护植物。多年生地生兰。生于海拔800～1200m山坡林下、灌丛中或草地。巴东县等。湖北、湖南、重庆、四川、贵州、云南、西藏等。

鹅毛玉凤花 *Habenaria dentata* (Sw.) Schltr.

拟公布的国家二级重点保护植物。多年生地生兰。生于海拔200～2300m山坡林下或沟边。夷陵区、兴山县、巴东县等。安徽、浙江、江西、福建、台湾、河南、湖北、湖南、广东、广西、重庆、四川、贵州、云南、西藏等。尼泊尔、锡金、印度、缅甸、越南、老挝、泰国、柬埔寨、日本等。

宽药隔玉凤花 *Habenaria limprichtii* Schltr.

拟公布的国家二级重点保护植物。多年生地生兰。生于海拔500～2000m山坡林下、灌丛中或草地。石柱县等。湖北、重庆、四川、云南等。

线叶十字兰 *Habenaria linearifolia* Maxim.

拟公布的国家二级重点保护植物。多年生地生兰。生于海拔200～1500m山坡林下或沟谷草丛中。巴东县等。黑龙江、吉林、辽宁、河北、内蒙古、山东、江苏、安徽、浙江、江西、福建、河南、湖北、湖南等。俄罗斯、朝鲜半岛、日本等。

粗距舌喙兰 *Hemipilia crassicalcarata* S. S. Chien

拟公布的国家二级重点保护植物。多年生地生兰。生于海拔800～900m多岩石处。兴山县等。山西、陕西、湖北、重庆、四川、贵州等。

扇唇舌喙兰(长距舌喙兰) *Hemipilia flabellata* Bur. et Franch.

拟公布的国家二级重点保护植物。多年生地生兰。生于海拔200～900m多岩石处。夷陵区、兴山县、巫溪县、奉节县、开县、万州区等。湖北、重庆、四川、贵州、云南等。

叉唇角盘兰 *Herminium lanceum* (Thunb.ex Sw.) Vuijk

拟公布的国家二级重点保护植物。多年生地生兰。生于海拔700～1800m山坡林下、灌丛下或草丛中。兴山县、巴东县等。陕西、甘肃、安徽、浙江、江西、福建、台湾、河南、湖北、湖南、广东、广西、重庆、四川、贵州、云南、西藏等。朝鲜半岛、日本、中南半岛至喜马拉雅山地区等。

角盘兰 *Herminium monorchis* (L.) R. Br.

拟公布的国家二级重点保护植物。多年生地生兰。生于海拔600～2800m灌丛下、山坡草地。巴东县等。黑龙江、吉林、辽宁、河北、山西、内蒙古、陕西、甘肃、青海、山东、安徽、河南、重庆、四川、云南、西藏等。欧洲、亚洲、日本、朝鲜半岛、蒙古、俄罗斯等。

短距槽舌兰 *Holcoglossum flavescens* (Schltr.) Z. H. Tsi

拟公布的国家二级重点保护植物。多年生附生兰。生于海拔1200～2000m山坡灌丛下。石柱县等。浙江、福建、湖北、重庆、四川、云南等。

镰翅羊耳蒜 *Liparis bootanensis* Griff.

拟公布的国家二级重点保护植物。多年生附生兰。生于海拔800～2300m山坡林缘、林中或山谷阴处树上或岩壁。云阳县等。江西、福建、台湾、湖南、广东、海南、广西、重庆、四川、贵州、云南、西藏等。不丹、锡金、印度、东南亚、日本等。

福建羊耳蒜 *Liparis dunnii* Rolfe

拟公布的国家二级重点保护植物。多年生地生兰。生于海拔约900m阴湿岩石上。夷陵区等。黑龙江、吉林、辽宁、山西、陕西、福建、湖北、重庆、四川、贵州等。

尾唇羊耳蒜 *Liparis krameri* Franch. et Savat.

拟公布的国家二级重点保护植物。多年生地生兰。生于海拔约1400m山坡林下。石柱县等。湖北、重庆等。日本、朝鲜半岛等。

香花羊耳蒜 *Liparis odorata* (Willd.) Lindl.

拟公布的国家二级重点保护植物。多年生地生兰。生于海拔700～1200m山坡林下。秭归县、巴东县等。江西、台湾、湖北、湖南、广东、海南、广西、重庆、四川、贵州、云南、西藏等。尼泊尔、锡金、印度、缅甸、老挝、越南、泰国、日本等。

大花对叶兰 *Listera grandiflora* Rolfe

拟公布的国家二级重点保护植物。多年生地生兰。生于海拔1500～2500m山坡林下或阴湿处。秭归县、兴山县、巴东县等。湖北、重庆、四川、云南、西藏等。

沼兰 *Malaxis monophyllos* (L.) Sw.

拟公布的国家二级重点保护植物。多年生地生兰。生于海拔800～2400m山坡林下、灌丛中或草坡。夷陵区、巫溪县等。黑龙江、吉林、辽宁、河北、山西、内蒙古、陕西、宁夏、甘肃、青海、台湾、河南、湖北、重庆、四川、贵州、云南、西藏等。日本、朝鲜半岛、西伯利亚、欧洲、北美洲等。

全唇兰 *Myrmechis chinensis* Rolfe

拟公布的国家二级重点保护植物。多年生地生兰。生于海拔1000～2200m山坡或沟谷林下阴湿处。巴东县等。湖北、重庆、四川等。

尖唇鸟巢兰 *Neottia acuminata* Schltr.

拟公布的国家二级重点保护植物。多年生腐生兰。生于海拔1500～2800m山坡林下或阴蔽草坡上。巴东县等。吉林、河北、山西、内蒙古、陕西、宁夏、甘肃、青海、河南、湖北、重庆、四川、云南、西藏等。俄罗斯、日本、朝鲜半岛、锡金等。

一叶兜被兰 *Neottianthe monophylla* (Ames et Schltr.) Schltr.

拟公布的国家二级重点保护植物。多年生地生兰。生于海拔1500～2800m山坡林下或灌丛下。巴东县等。陕西、甘肃、青海、湖北、重庆、四川、云南、西藏等。

狭叶鸢尾兰 *Oberonia caulescens* Lindl.

拟公布的国家二级重点保护植物。多年生附生兰。生于海拔700～1800m林中树上或岩石上。巴东县等。台湾、广东、重庆、四川、云南、西藏等。尼泊尔、锡金、印度、越南等。

短梗山兰 *Oreorchis erythrochrysea* H. -M.

拟公布的国家二级重点保护植物。多年生地生兰。生于海拔2900m山坡林下、灌丛中或草坡。兴山县、巴东县等。湖北、重庆、四川、云南、西藏等。

小花阔蕊兰 *Peristylus affinis* (D.Don) Seidenf.

拟公布的国家二级重点保护植物。多年生地生兰。生于海拔450～1800m山坡林下、沟谷、路边灌丛中或山坡草地。兴山县、巴东县等。江西、湖北、湖南、广东、广西、重庆、四川、贵州、云南等。尼泊尔、印度、缅甸、老挝、泰国等。

鞭须阔蕊兰 *Peristylus flagellifer* (Makino) Ohwi

拟公布的国家二级重点保护植物。多年生地生兰。生于海拔700m山坡路旁。巴东县等。福建、湖北等。朝鲜半岛、日本等。

阔蕊兰 *Peristylus goodyeroides* (D. Don) Lindl.

拟公布的国家二级重点保护植物。多年生地生兰。生于海拔500～2300m山坡阔叶林下、灌丛中、山坡草地或山麓路边。夷陵区等。浙江、江西、台湾、湖北、湖南、广东、香港、广西、重庆、四川、贵州、云南等。尼泊尔、不丹、印度、东南亚等。

鹤顶兰 *Phaius tankervilleae* (Banks ex L' Herit.) Bl.

拟公布的国家二级重点保护植物。多年生地生兰。生于海拔700～1800m林缘、沟谷或溪边阴湿处。石柱县等。福建、台湾、湖南、广东、香港、海南、广西、云南、西藏等。日本、越南、印度、泰国、缅甸、斯里兰卡、马来西亚、澳大利亚等。

云南石仙桃 *Pholidota yunnanensis* Rolfe

拟公布的国家二级重点保护植物。多年生附生兰。生于海拔1200～1700m林中、山谷树上或岩石上。秭归县、兴山县、巴东县、万州区等。湖北、湖南、广西、重庆、四川、贵州、云南等。越南等。

二叶舌唇兰 *Platanthera chlorantha* Cust.ex Rchb.

拟公布的国家二级重点保护植物。多年生地生兰。生于海拔400～2800m山坡林下或草丛中。秭归县、巴东县、巫溪县、万州区等。黑龙江、吉林、辽宁、河北、山西、内蒙古、陕西、宁夏、甘肃、青海、山东、安徽、湖北、重庆、四川、云南、西藏等。欧洲至亚洲、英格兰至朝鲜半岛等。

对耳舌唇兰 *Platanthera finetiana* Schltr.

拟公布的国家二级重点保护植物。多年生地生兰。生于海拔1200～2800m山坡林下或沟谷中。巫溪县、云阳县、开县等。甘肃、湖北、重庆、四川等。

密花舌唇兰 *Platanthera hologlottis* Maxim.

拟公布的国家二级重点保护植物。多年生地生兰。生于海拔260～2800m山坡林下或山沟潮湿草地。巴东县等。黑龙江、吉林、辽宁、河北、内蒙古、山东、江苏、安徽、浙江、福建、湖北、湖南、广东、重庆、四川、云南等。俄罗斯、日本、朝鲜半岛等。

小舌唇兰 *Platanthera minor* (Miq.) Rchb. f .

拟公布的国家二级重点保护植物。多年生地生兰。生于海拔250～2700m山坡林下或草地。夷陵区、兴山县、巴东县等。江苏、安徽、浙江、江西、福建、台湾、河南、湖北、湖南、广东、香港、海南、广西、重庆、四川、贵州、云南等。朝鲜半岛、日本等。

毛唇独蒜兰 *Pleione hookeriana* (Lindl.) B. S. Williams

拟公布的国家二级重点保护植物。多年生附生兰。生于海拔1600～2800m山坡树干上、灌木林缘苔藓覆盖的岩石或岩壁。夷陵区等。湖北、广东、广西、贵州、云南、西藏等。尼泊尔、不丹、印度、缅甸、老挝、泰国等。

金佛山兰 *Tangtsinia nanchuanica* S. C. Chen

拟公布的国家一级重点保护植物。多年生地生兰。生于海拔700～2100m疏林下灌丛边缘和草坡。忠县、石柱县、江津市等。重庆、四川、贵州等。

小叶白点兰 *Thrixspermum japonicum* (Miq.) Rchb. f.

拟公布的国家二级重点保护植物。多年生附生兰。生于海拔900～1000m林下灌丛中。石柱县等。台湾、湖南、广东、重庆、四川、贵州等。日本等。

小花蜻蜓兰 *Tulotis ussuriensis* (Reg. et Maack) H. Hara

拟公布的国家二级重点保护植物。多年生地生兰。生于海拔400～2800m山坡林下、林缘或沟边。夷陵区、兴山县、巴东县、巫溪县、丰都县等。吉林、河北、陕西、江苏、安徽、浙江、江西、福建、河南、湖北、湖南、广西、重庆、四川等。朝鲜半岛、俄罗斯、日本等。

宽叶线柱兰 *Zeuxine affinis* （Lindl.) Benth. ex Hook. f.

拟公布的国家二级重点保护植物。多年生地生兰。生于海拔800～1650m山坡或沟谷林下阴湿处。秭归县等。台湾、广东、海南、云南等。马来西亚、泰国、老挝、缅甸、孟加拉国、印度、锡金、不丹等。

线柱兰 *Zeuxine strateumatica* (L.) Schltr.

拟公布的国家二级重点保护植物。多年生地生兰。生于海拔1000m以下沟边或河边潮湿草地。石柱县等。福建、台湾、广东、香港、海南、广西、云南、重庆、四川、湖北。日本、东南亚、印度、阿富汗等。

附录2 三峡库区已列入《中国物种红色名录》中的珍稀濒危保护植物名录

在288种三峡库区国家级珍稀濒危保护植物和62种建议列为三峡库区珍稀濒危植物中，已列入《中国物种红色名录》(第一册)中的种子植物共有237种；因《中国物种红色名录》(第一册)未涉及蕨类植物，参考《中国物种红色名录》作者编写的中国蕨类植物物种红色名录(未正式出版)，三峡库区已列入中国蕨类植物物种红色名录中的蕨类植物共有3种。

一、蕨类植物 Pteridophyta

1. 瓶尔小草科 Ophioglossaceae

狭叶瓶尔小草 *Ophioglossum thermale* Kom.

2. 铁线蕨科 Adiantaceae

荷叶铁线蕨 *Adiantum reniforme* L. var. *sinense* Y. X. Lin

3. 鳞毛蕨科 Dryopteridaceae

单叶贯众 *Cyrtomium hemionitis* Christ

二、裸子植物 Gymnospermae

4. 苏铁科 Cycadaceae

攀枝花苏铁 *Cycas panzhihuaensis* L. Zhou et S. Y. Yang

苏铁 *Cycas revoluta* Thunb.

四川苏铁 *Cycas szechuanensis* Cheng et L. K. Fu

宽叶苏铁 *Cycas tonkinensis* (L. Linden et Rodigas) L. Linden et Rodigas

5. 银杏科 Ginkgoaceae

银杏 *Ginkgo biloba* L.

6. 松科 Pinaceae

秦岭冷杉 *Abies chensiensis* Van Tiegh.

银杉 *Cathaya argyrophylla* Chun et Kuang

铁坚油杉 *Keteleeria davidiana* (Bertr.) Beissn.

麦吊云杉 *Picea brachytyla* (Franch.) Pritz.

大果青扦 *Picea neoveitchii* Mast.

金钱松 *Pseudolarix amabilis* (Nelson) Rehd.

黄杉 *Pseudotsuga sinensis* Dode

铁杉 *Tsuga chinensis* (Franch.) Pritz.

大果铁杉 *Tsuga chinensis* (Franch.) Pritz. var. *robusta* Cheng et L. K. Fu

丽江铁杉 *Tsuga forrestii* Downie

7. 杉科 Taxodiaceae

水杉 *Metasequoia glyptostroboides* Hu et Cheng

台湾杉（秃杉）*Taiwania cryptomerioides* Hayata

8. 柏科 Cupressaceae

福建柏 *Fokienia hodginsii* (Dunn) Henry et Thomas

9. 三尖杉科 Cephalotaxaceae

三尖杉 *Cephaloxus fortunei* Hook. f.

篦子三尖杉 *Cephalotaxus oliveri* Mast.

粗榧 *Cephalotaxus sinensis* (Rehd. et Wils.) Li

10. 红豆杉科 Taxaceae

穗花杉 *Amentotaxus argotaenia* (Hance) Pilger

红豆杉 *Taxus wallichiana* Zucc. var. *chinensis* (Pilger) Florin

南方红豆杉 *Taxus wallichiana* Zucc. var. *mairei* (Lemée et Lévl.) L. K. Fu et N. Li

巴山榧树 *Torreya fargesii* Franch.

三、被子植物 Angiospermae

11. 胡桃科 Juglandaceae

胡桃 *Juglans regia* L.

12. 桦木科 Betulaceae

华榛 *Corylus chinensis* Franch.

13. 壳斗科 Fagaceae

台湾水青冈 *Fagus hayatae* Palib. ex Hayata

14. 榆科 Ulmaceae

青檀 *Pteroceltis tatarinowii* Maxim.

15.马兜铃科 Aristolochiaceae

木通马兜铃 *Aristolochia manshuriensis* Kom.

16.毛茛科 Ranunculaceae

黄连 *Coptis chinensis* Franch.

紫斑牡丹 *Paeonia rockii* (S. G. Haw et L. A. Lauener) T. Hong et J. J. Li

17.小檗科 Berberidaceae

单花小檗 *Berberis candidula* Schneid.

八角莲 *Dysosma versipellis* (Hance) M. Cheng ex Ying

18.木兰科 Magnoliaceae

鹅掌楸 *Liriodendron chinense* (Hemsl.) Sarg.

厚朴 *Magnolia officinalis* Rehd. et Wils.

凹叶厚朴 *Magnolia officinalis* Rehd. et Wils. ssp. *biloba* (Rehd. et Wils.) Law

天女木兰 *Magnolia sieboldii* K. Koch.

武当木兰 *Magnolia sprengri* Pampan.

红花木莲 *Manglietia insignis*（Wall.）Bl.

巴东木莲 *Manglietia patungensis* Hu

峨眉含笑 *Michelia wilsonii* Finet et Gagnep.

19. 蜡梅科 Calycanthaceae

夏蜡梅 *Sinocalycanthus chinensis*（Cheng et S. Y. Chang）Cheng et S. Y. Chang

20. 樟科 Lauraceae

银叶桂 *Cinnamomum mairei* Lévl.

阔叶樟 *Cinnamomum platyphyllum* (Diels) Allen

润楠 *Machilus microcarpa* Hemsl.

楠木 *Phoebe zhennan* S. Lee et F. N. Wei

21. 伯乐树科 Bretschneideraceae

伯乐树 *Bretschneidera sinensis* Hemsl.

22. 虎耳草科 Saxifragaceae

叉叶兰 *Deinanthe caerulea* Stapf

23. 金缕梅科 Hamamelidaceae

半枫荷 *Semiliquidambar cathayensis* H. T. Chang

山白树 *Sinowilsonia henryi* Hemsl.

24. 杜仲科 Eucommiaceae

杜仲 *Eucommia ulmoides* Oliv.

25. 蔷薇科 Rosaceae

香水月季 *Rosa odorata* (Andr.) Sweet

26. 豆科 Leguminosae

山豆根（胡豆莲）*Euchresta japonica* Hook. f. ex Regel

花榈木 *Ormosia henryi* Prain

红豆树 *Ormosia hosiei* Hemsl. et Wils.

27. 芸香科 Rutaceae

黄檗 *Phellodendron amurense* Rupr.

28. 楝科 Meliaceae

红椿 *Toona ciliata* Roem.

毛红椿 *Toona ciliata* Roem. var. *pubescens* (Franch.) H. -M.

29. 黄杨科 Buxaceae

宜昌黄杨 *Buxus ichangensis* Hatusima

矮生黄杨 *Buxus sinica* (Rehd. et Wils.) Cheng var. *pumila* M. Cheng

30.冬青科 Aquifoliaceae

神农架冬青 *Ilex shennongjiaensis* T. R. Dudley

31.卫矛科 Celastraceae

缙云卫矛 *Euonymus chloranthoides* Yang

32.省沽油科 Staphyleaceae

利川瘿椒树 *Tapiscia lichunensis* Cheng et C. D. Chu

瘿椒树（银鹊树）*Tapiscia sinensis* Oliv.

33.槭树科 Aceraceae

血皮槭 *Acer griseum* (Franch.) Pax

金钱槭 *Dipteronia sinensis* Oliv.

34.无患子科 Sapindaceae

龙眼 *Dimocarpus longan* Lour.

伞花木 *Eurycorymbus cavaleriei* (Lévl.) Rehd. et H. -M.

35. 鼠李科 Rhamnaceae

小勾儿茶 *Berchemiella wilsonii* (Schneid.) Nakai

36. 山茶科 Theaceae

滇山茶 *Camellia reticulata* Lindl.

紫茎 *Stewartia sinensis* Rehd. et Wils.

37. 柽柳科 Tamaricaceae

疏花水柏枝 *Myricaria laxiflora* (Franch.) P. Y. Zhang et Y. J. Zhang

38. 千屈菜科 Lythraceae

川黔紫薇 *Lagerstroemia excelsa* (Dode) Chun ex S. Lee et L. Lau

39. 蓝果树科 Nyssaceae

珙桐 *Davidia involucrata* Baill.

光叶珙桐 *Davidia involucrata* Baill. var. *vilmoriniana* (Dode) Wanger

40. 五加科 Araliaceae

人参 *Panax ginseng* C.A.Mey.

41. 伞形科 Umbelliferae

明党参 *Changium smyrnioides* H. Wolff

川明参 *Chuanminshen violaceum* Sheh et Shan

裂叶天胡荽 *Hydrocotyle dielsiana* Wolff

42. 杜鹃花科 Ericaceae

阔柄杜鹃 *Rhododendron platypodum* Diels

大钟杜鹃 *Rhododendron ririei* Hemsl. et Wils.

43. 报春花科 Primulaceae

异花珍珠菜 *Lysimachia crispidens* (Hance) Hemsl.

巴蜀报春（藏报春）*Primula rupestris* Ball. f. et Farrer

44. 柿树科 Ebenaceae

川柿 *Diospyros sutchuensis* Yang

45. 野茉莉科 Styracaceae

长果秤锤树 *Changiostyrax dolichocarpus* (C. J. Qi) T. Chen

白辛树 *Pterostyrax psilophyllus* Diels ex Perk.

木瓜红 *Rehderodendron macrocarpum* Hu

墨泡（金佛山安息香）*Styrax huanus* Rehd.

46. 木犀科 Oleaceae

湖北白蜡 *Fraxinus hupehensis* Ch'ü, Shang et Su

水曲柳 *Fraxinus nigra* Marsh. ssp. *mandschurica* (Rupr.) S. S. Sun

47. 玄参科 Scrophulariaceae

岩白菜 *Triaenophora rupestris* (Hemsl.) Solereder

直果草 *Triphysaria chinensis* (D.Y. Hong) D. Y. Hong

48. 苦苣苔科 Gesneriaceae

全唇苣苔 *Deinocheilos sichuanense* W. T. Wang

49. 茜草科 Rubiaceae

香果树 *Emmenopterys henryi* Oliv.

50. 忍冬科 Caprifoliaceae

七子花 *Heptacodium miconioides* Rehd.

51. 菊科 Compositae

毛柄蒲儿根（毛柄华千里光）*Sinosenecio eriopodus*（Cumm.）C. Jeffrey et Y. L. Chen

52. 百合科 Liliaceae

伊贝母 *Fritillaria pallidiflora* Schrenk

53. 兰科 Orchidaceae

头序无柱兰 *Amitostigma capitatum* T. Tang et F. T. Wang

无柱兰 *Amitostigma gracile* (Bl.) Schltr.

金线兰 *Anoectochilus roxburghii* (Wall.) Lindl.

小白及 *Bletilla formosana* (Hayata) Schltr.

黄花白及 *Bletilla ochracea* Schltr.

白及 *Bletilla striata* (Thunb. ex A. Murray) Rchb. f.

梳帽卷瓣兰 *Bulbophyllum andersonii* (Hook. f.) J. J. Smith

广东石豆兰 *Bulbophyllum kwangtungense* Schltr.

密花石豆兰 *Bulbophyllum odoratissimum* (J. E. Smith) Lindl.

毛药卷瓣兰 *Bulbophyllum omerandrum* Hayata

斑唇卷瓣兰 *Bulbophyllum pectenveneris* (Gagnep.) Seidenf.

藓叶石豆兰（藓叶卷瓣兰）*Bulbophyllum retusiusculum* Rchb. f.

伞花卷瓣兰 *Bulbophyllum umbellatum* Lindl.

泽泻虾脊兰 *Calanthe alismaefolia* Lindl.

流苏虾脊兰 *Calanthe alpina* Hook. f. ex Lindl.

弧距虾脊兰 *Calanthe arcuata* Rolfe

短叶虾脊兰 *Calanthe arcuata* Rolfe var. *brevifolia* Z. H. Tsi

肾唇虾脊兰 *Calanthe brevicornu* Lindl.

剑叶虾脊兰 *Calanthe davidii* Franch.

少花虾脊兰 *Calanthe delavayi* Finet

虾脊兰 *Calanthe discolor* Lindl.

钩距虾脊兰 *Calanthe graciliflora* Hayata

叉唇虾脊兰 *Calanthe hancockii* Rolfe

疏花虾脊兰 *Calanthe henryi* Rolfe

细花虾脊兰 *Calanthe mannii* Hook. f.

三棱虾脊兰 *Calanthe tricarinata* Lindl.

峨边虾脊兰 *Calanthe yuana* T. Tang et F. T. Wang

银兰 *Cephalanthera erecta* (Thunb. ex A. Murray) Bl.

金兰 *Cephalanthera falcata* (Thunb. ex A. Murray) Bl.

头蕊兰 *Cephalanthera longifolia* (L.) Fritsch

戟唇叠鞘兰 *Chamaegastrodia vaginata* (Hook. f.) Seidenf.

独花兰 *Changnienia amoena* S. S. Chien

大序隔距兰*Cleisostoma paniculatum* (Ker-Gawl.) Garay

蜈蚣兰 *Cleisostoma scolopendrifolium* (Makino) Garay

凹舌兰 *Coeloglossum viride* (L.) Hartm.

杜鹃兰*Cremastra appendiculata* (D. Don) Makino

建兰 *Cymbidium ensifolium* (L.) Sw.

长叶兰 *Cymbidium erythraeum* Lindl.

蕙兰 *Cymbidium faberi* Rolfe

多花兰 *Cymbidium floribundum* Lindl.

春兰 *Cymbidium goeringii* (Rchb.f.) Rchb. f.

春剑 *Cymbidium goeringii* (Rchb.f.) Rchb. f. var.*longibracteatum* (Y. S. Wu et S. C. Chen) Y. S. Wu et S. C. Chen

寒兰 *Cymbidium kanran* Makino

兔耳兰 *Cymbidium lancifolium* Hook.

墨兰 *Cymbidium sinense* (Jackson ex Andr.) Willd.

对叶杓兰 *Cypripedium debile* Rchb. f.

毛瓣杓兰 *Cypripedium fargesii* Franch.

大叶杓兰 *Cypripedium fasciolatum* Franch.

黄花杓兰 *Cypripedium flavum* P. F. Hunt et Summerh.

毛杓兰 *Cypripedium franchetii* E. H. Wilson

绿花杓兰 *Cypripedium henryi* Rolfe

扇脉杓兰 *Cypripedium japonicum* Thunb.

斑叶杓兰 *Cypripedium margaritaceum* Franch.

离萼杓兰 *Cypripedium plectrochilum* Franch.

曲茎石斛 *Dendrobium flexicaule* Z. H. Tsi，S. C. Sun et L. G. Xu

细叶石斛 *Dendrobium hancockii* Rolfe

美花石斛 *Dendrobium loddigesii* Rolfe

罗河石斛 *Dendrobium lohohense* T. Tang et F. T. Wang

细茎石斛 *Dendrobium moniliforme* (L.) Sw.

石斛 *Dendrobium nobile* Lindl.

黄石斛 *Dendrobium tosaense* Makino

广东石斛 *Dendrobium wilsonii* Rolfe

单叶厚唇兰 *Epigeneium fargesii* (Finet) Gagnep.

火烧兰 *Epipactis helleborine* (L.) Crantz

大叶火烧兰 *Epipactis mairei* Schltr.

裂唇虎舌兰 *Epipogium aphyllum* (F. W. Schmidt) Sw.

马齿毛兰 *Eria szetschuanica* Schltr.

长距美冠兰 *Eulophia faberi* Rolfe

毛萼山珊瑚 *Galeola lindleyana* (Hook. f. et Thoms.) Rchb. f.

台湾盆距兰 *Gastrochilus formosanus* (Hayata) Hayata

天麻 *Gastrodia elata* Bl.

大花斑叶兰 *Goodyera biflora* (Lindl.) Hook. f.

多叶斑叶兰 *Goodyera foliosa* (Lindl.) Benth. ex Clarke

光萼斑叶兰 *Goodyera henryi* Rolfe

高斑叶兰 *Goodyera procera* (Ker-Gawl.) Hook.

小斑叶兰 *Goodyera repens* (L.) R. Br.

斑叶兰 *Goodyera schlechtendaliana* Rchb. f.

绒叶斑叶兰 *Goodyera velutina* Maxim.

手参 *Gymnadenia conopsea* (L.) R. Br.

西南手参 *Gymnadenia orchidis* Lindl.

毛葶玉凤花 *Habenaria ciliolaris* Kraenzl.

长距玉凤花 *Habenaria davidii* Franch.

鹅毛玉凤花 *Habenaria dentata* (Sw.) Schltr.

宽药隔玉凤花 *Habenaria limprichtii* Schltr.

线叶十字兰 *Habenaria linearifolia* Maxim.

橙黄玉凤花 *Habenaria rhodocheila* Hance

粗距舌喙兰 *Hemipilia crassicalcarata* S. S. Chien

扇唇舌喙兰(长距舌喙兰) *Hemipilia flabellata* Bur. et Franch.

裂唇舌喙兰 *Hemipilia henryi* Rolfe

叉唇角盘兰 *Herminium lanceum* (Thunb. ex Sw.) Vuijk

角盘兰 *Herminium monorchis* (L.) R. Br.

短距槽舌兰 *Holcoglossum flavescens* (Schltr.) Z. H. Tsi

瘦房兰 *Ischnogyne mandarinorum* (Kraenzl.) Schltr.

镰翅羊耳蒜 *Liparis bootanensis* Griff.

大花羊耳蒜 *Liparis distans* C. B. Clarke

小羊耳蒜 *Liparis fargesii* Finet

羊耳蒜 *Liparis japonica* (Miq.) Maxim.

尾唇羊耳蒜 *Liparis krameri* Franch. et Savat.

见血青 *Liparis nervosa* (Thunb. ex A. Murray) Lindl.

香花羊耳蒜 *Liparis odorata* (Willd.) Lindl.

大花对叶兰 *Listera grandiflora* Rolfe

沼兰 *Malaxis monophyllos* (L.) Sw.

全唇兰 *Myrmechis chinensis* Rolfe

风兰 *Neofinetia falcata* (Thunb. ex A. Murray) H. H. Hu

尖唇鸟巢兰 *Neottia acuminata* Schltr.

二叶兜被兰 *Neottianthe cucullata* (L.) Schltr.

一叶兜被兰 *Neottianthe monophylla* (Ames et Schltr.) Schltr.

兜被兰 *Neottianthe pseudo-diphylax* (Kraenzl.) Schltr.

狭叶鸢尾兰 *Oberonia caulescens* Lindl.

广布红门兰 *Orchis chusua* D. Don

短梗山兰 *Oreorchis erythrochrysea* H. -M.

长叶山兰 *Oreorchis fargesii* Finet

小花阔蕊兰 *Peristylus affinis* (D. Don) Seidenf.

鞭须阔蕊兰 *Peristylus flagellifer* (Makino) Ohwi

阔蕊兰 *Peristylus goodyeroides* (D. Don) Lindl.

黄花鹤顶兰 *Phaius flavus* (Bl.) Lindl.

鹤顶兰 *Phaius tankervilleae* (Banks ex L' Herit.) Bl.

细叶石仙桃 *Pholidota cantonensis* Rolfe

云南石仙桃 *Pholidota yunnanensis* Rolfe

二叶舌唇兰 *Platanthera chlorantha* Cust. ex Rchb.

对耳舌唇兰 *Platanthera finetiana* Schltr.

密花舌唇兰 *Platanthera hologlottis* Maxim.

舌唇兰 *Platanthera japonica* (Thunb. ex A. Murray) Lindl.

尾瓣舌唇兰 *Platanthera mandarinorum* Rchb. f.

小舌唇兰 *Platanthera minor* (Miq.) Rchb. f .

独蒜兰 *Pleione bulbocodioides* (Franch.) Rolfe

毛唇独蒜兰 *Pleione hookeriana* (Lindl.) B. S. Williams

美丽独蒜兰 *Pleione pleionoides* (Kraenzl. ex Diels) Braem et H. Mohr

朱兰 *Pogonia japonica* Rchb. f.

短茎萼脊兰 *Sedirea subparishii* (Z. H. Tsi) Christenson

绶草 *Spiranthes sinensis* (Pers.) Ames

金佛山兰 *Tangtsinia nanchuanica* S. C. Chen

小叶白点兰 *Thrixspermum japonicum* (Miq.) Rchb. f.

小花蜻蜓兰 *Tulotis ussuriensis* (Reg. et Maack) H. Hara

宽叶线柱兰 *Zeuxine affinis*（Lindl.) Benth. ex Hook. f.

线柱兰 *Zeuxine strateumatica* (L.) Schltr.

附录3 种中文名索引

（按首字笔画顺序排列）

附录4 种拉丁名索引

（按拉丁名字母顺序排列）

A

Abies chensiensis Van Tiegh.

Acanthopanax setulosus Franch.

Acer griseum (Franch.) Pax

Acer oblongum Wall. ex DC. var. *trilobum* Henry

Aconitum henryi Pritz.

Actinidia chinensis Planch.

Actinidia chinensis Planch. var. *hispida* C. F. Liang f. *chlorocarpa* C. F. Liang

Actinidia deliciosa (A. Chev.) C. F. Liang et A. R. Ferguson var. *chlorocarpa* (C. F. Liang) C. F. Liang et A. R. Ferguson

Actinidia tetramera Maxim. var. *badongensis* C. F. Liang

Adiantum reniforme L.var. *sinense* Y. X. Lin

Aesculus wilsonii Rehd.

Alsophila denticulata Baker

Alsophila metteniana Hance

Alsophila metteniana Hance var. *subglabra* Ching et Q. Xia

Alsophila spinulosa (Wall. ex Hook.) R. M. Tryon

Amentotaxus argotaenia (Hance) Pilger

Amitostigma capitatum T. Tang et F. T. Wang

Amitostigma gracile (Bl.) Schltr.

Amygdalus kansuensis (Rehd.) Skeels

Anoectochilus roxburghii (Wall.) Lindl.

Arenaria shennongjiaensis Z. E. Zhao et Z. H. Shen

Arisaema fargesii Buchet

Aristolochia manshuriensis Kom.

Aristolochia tuberosa C. F. Liang et S. M. Hwang

Armeniaca vulgaris Lam.

Artocarpus hypargyreus Hance

Asarum maximum Hemsl.

Asteropyrum peltatum (Franch.) Drumm. et Hutch.

Astragalus henryi Oliv.

Astragalus membranaceus (Fisch.) Bunge

Astragalus membranaceus (Fisch.) Bunge var. *mongholicus* (Bunge) P. X. Hsiao

Atropanthe sinensis (Hemsl.) Pasch.

B

Begonia hemsleyana Hook. f.

Berberis candidula Schneid.

Berchemia wilsonii (Schneid.) Nakai

Bletilla formosana (Hayata) Schltr.

Bletilla ochracea Schltr.

Bletilla striata (Thunb. ex A. Murray) Rchb. f.

Brasenia schreberi J. F. Gmel.

Bretschneidera sinensis Hemsl.

Bulbophyllum andersonii (Hook. f.) J. J. Smith

Bulbophyllum kwangtungense Schltr.

Bulbophyllum odoratissimum (J. E. Smith) Lindl.

Bulbophyllum omerandrum Hayata.

Bulbophyllum pectenveneris (Gagnep.) Seidenf.

Bulbophyllum retusiusculum Rchb. f.

Bulbophyllum umbellatum Lindl.

Buxus ichangensis Hatusima

Buxus sinica (Rehd. et Wils.) Cheng var. *pumila* M. Cheng

C

Calanthe alismaefolia Lindl.

Calanthe alpina Hook. f. ex Lindl.

Calanthe arcuata Rolfe

Calanthe arcuata Rolfe var. *brevifolia* Z. H. Tsi

Calanthe brevicornu Lindl.

Calanthe davidii Franch.

Calanthe delavayi Finet

Calanthe discolor Lindl.

Calanthe graciliflora Hayata

Calanthe hancockii Rolfe

Calanthe henryi Rolfe

Calanthe mannii Hook. f.

Calanthe reflexa (Kuntze) Maxim.

Calanthe tricarinata Lindl.

Calanthe yuana T.Tang et F. T. Wang

Camellia assamica (Mast.) H. T. Chang

Camellia grijsii Hance

Camellia reticulata Lindl.

Camptotheca acuminata Decne.

Capsicum frutescens L.

Carrierea calycina Franch.

Cathaya argyrophylla Chun et Kuang

Cephalanthera erecta (Thunb. ex A. Murray) Bl.

Cephalanthera falcata (Thunb. ex A. Murray) Bl.

Cephalanthera longifolia (L.) Fritsch

Cephalotaxus fortunei Hook. f.

Cephalotaxus oliveri Mast.

Cephalotaxus sinensis (Rehd. et Wils.) Li

Cercidiphyllum japonicum Sieb. et Zucc.

Chamaegastrodia vaginata (Hook. f.) Seidenf.

Changiostyrax dolichocarpus (C. J. Qi) T. Chen

Changium smyrnioides H.Wolff

Changnienia amoena S. S. Chien

Chimonanthus chinensis Cheng et S. Y. Chang

Chimonanthus praecox (L.) Link

Chirita fangii W.T.Wang

Chloranthus angustifolius Oliv.

Chloranthus sessilifolius K. F. Wu

Chuanminshen violaceum Sheh et Shan

Cibotium barometz (L.) J. Sm.

Cimicifuga nanchuanensis Hsiao

Cinnamomum camphora (L.) Presl

Cinnamomum longepaniculatum (Gamble) N. Chao ex H. W. Li

Cinnamomum mairei Lévl.

Cinnamomum platyphyllum (Diels) Allen

Citrus ichangensis Swingle

Citrus limonia Osb.

Cleisostoma paniculatum (Ker-Gawl.) Garay

Cleisostoma scolopendrifolium (Makino) Garay

Clematis shenlungchiaensis M. Y. Fang

Coeloglossum viride (L.) Hartm.

Coptis chinensis Franch.

Corydalis hemsleyana Franch. ex Prain

Corydalis tomentella Franch.

Corylus chinensis Franch.

Cremastra appendiculata (D. Don) Makino

Cycas panzhihuaensis L.Zhou et S. Y. Yang

Cycas revoluta Thunb.

Cycas siamensis Miq.

Cycas szechuanensis Cheng et L. K. Fu

Cycas tonkinensis (L. Linden et Rodigas) L. Linden et Rodigas

Cyclocarya paliurus (Batal.) Iljinskaja

Cymbidium ensifolium (L.) Sw.

Cymbidium erythraeum Lindl.

Cymbidium faberi Rolfe

Cymbidium floribundum Lindl.

Cymbidium goeringii (Rchb. f.) Rchb. f.

Cymbidium goeringii (Rchb. f.) Rchb. f. var. *longibracteatum* (Y. S. Wu et S. C. Chen) Y. S. Wu et S. C. Chen

Cymbidium kanran Makino

Cymbidium lancifolium Hook.

H

I

J

K

L

M

N

O

P

R

S

T

U

Z

参考文献

1 陈伟烈，张喜群，梁松筠等．三峡库区的植物与复合农业生态系统．北京：科学出版社，1994

2 陈心启，吉占和．中国兰花全书．北京：中国林业出版社，1998

3 傅立国，陈潭清，郎楷永等．中国高等植物（第三卷）青岛：青岛出版社，2000

4 傅立国，陈潭清，郎楷永等．中国高等植物（第四卷）青岛：青岛出版社，2000

5 傅立国，陈潭清，郎楷永等．中国高等植物（第五卷）青岛：青岛出版社，2003

6 傅立国，陈潭清，郎楷永等．中国高等植物（第六卷）青岛：青岛出版社，2003

7 傅立国，陈潭清，郎楷永等．中国高等植物（第七卷）青岛：青岛出版社，2001

8 傅立国，陈潭清，郎楷永等．中国高等植物（第八卷）青岛：青岛出版社，2001

9 傅立国，陈潭清，郎楷永等．中国高等植物（第九卷）青岛：青岛出版社，1999

10 傅立国，陈潭清，郎楷永等．中国高等植物（第十卷）青岛：青岛出版社，2004

11 傅立国，陈潭清，郎楷永等．中国高等植物（第十一卷）青岛：青岛出版社，2005

12 傅立国，陈潭清，郎楷永等．中国高等植物（第十三卷）青岛：青岛出版社，2002

13 傅立国．中国植物红皮书（第一册）北京：科学出版社，1992

14 傅书遐．湖北植物志（第一册）武汉：湖北科学技术出版社，2001

15 傅书遐．湖北植物志（第二册）武汉：湖北科学技术出版社，2002

16 傅书遐．湖北植物志（第三册）武汉：湖北科学技术出版社，2002

17 傅书遐．湖北植物志（第四册）武汉：湖北科学技术出版社，2002

18 高宝莼，陈家齐．四川省重点保护珍贵树木图志．成都：四川民族出版社，1992

19 高宝莼，邬家林．四川珍稀濒危植物．成都：四川民族出版社，1989

20 葛继稳，梅伟俊，高发祥等．三峡库区（湖北部分）珍稀濒危保护植物资源现状．长江流域资源与环境，1999，8（4）：378～385

21 葛继稳，王希群，吴金清．湖北珍稀濒危野生保护植物物种多样性及地理分布．湖北林业科技，1997，1：1～5

22 葛继稳，吴金清，朱兆泉等．湖北省珍稀植物现状及其就地保护．生物多样性，1998，6（3）：220～228

23 葛继稳，张德春，雷永松等．湖北省三峡库区珍稀濒危及国家重点保护野生植物资源的初步研究．中国野生植物资源，1999，18（2）：20～23

24 葛继稳，张德春，吴金清等．三峡湖北部分珍稀濒危国家重点保护资源的初步研究．中国中部资源环境与可持续发展对策．武汉：中国地质大学出版社，1999

25 谷中村，陈功锡，黄玉莲等．湘西药用植物概要．西宁：青海人民出版社，2000

26 贵州林业厅．贵州野生珍贵植物资源．北京：中国林业出版社，2000

27 贺善安．中国珍稀植物．上海：上海科学技术出版社，1998

28 黄健民，王官成，张光飞等．桫椤．北京：中国环境科学出版社，2004

29 黄玉源．中国苏铁科植物的系统分类与演化研究．北京：气象出版社，2001

30 金义兴，吴金清，江明喜等．长江流域陆生植物资源类型及其开发利用．长江流域资源与环境，1996，5（1）：16～21

31 李作洲，王传华，许天全等．三峡库区特有种疏花水柏枝的保护遗传学研究．生物多样性，2003，11（2）：109～117

32 厉恩华，王勇，吴金清等．三峡库区秭归县种子植物区系研究．武汉植物学研究，2002，20（5）：371～379

33 刘金．观赏蕨．北京：中国农业出版社，2001

34 宁祖林，吴金清，赵子恩等．长江三峡库区堇叶芥属（十字花科）一新种．武汉植物学研究，2006，24（1）：47～48

35 彭辅松，李鸿钧．湖北第二批国家珍稀濒危保护植物．武汉植物学研究，1990，8（4）：383～386

36 沈泽昊，金义兴，吴金清等．三峡库区两种濒危植物天然生境与迁地保护生境及土壤性质的比较．武汉植物学研究，1999，17（1）：46～52

37 沈泽昊，金义兴，赵子恩等．三峡大老岭地区珍稀植物空间分布格局与地形因子的关系．植物生态学报，1999，23（增刊）

38 沈泽昊，赵子恩．湖北无心菜属（石竹科）一新种——神农架无心菜．植物分类学报，2005，43（1）：73～75

39 四川植物志编辑委员会．四川植物志（第一卷）成都：四川人民出版社，1981

40 四川植物志编辑委员会．四川植物志（第二卷）成都：四川人民出版社，1983

41 四川植物志编辑委员会．四川植物志（第三卷）成都：四川科学技术出版社，1985

42 四川植物志编辑委员会．四川植物志（第四卷）成都：四川科学技术出版社，1988

43 四川植物志编辑委员会．四川植物志（第五卷第二分册）成都：四川科学技术出版社，1988

44 四川植物志编辑委员会．四川植物志（第六卷）成都：四川科学技术出版社，1988

45 四川植物志编辑委员会．四川植物志（第七卷）成都：四川民族出版社，1991

46 四川植物志编辑委员会．四川植物志（第八卷）成都：四川民族出版社，1990

47 四川植物志编辑委员会．四川植物志（第九卷）成都：四川民族出版社，1989

48 四川植物志编辑委员会．四川植物志（第十二卷）成都：四川民族出版社，1998

49 四川植物志编辑委员会．四川植物志（第十三卷）成都：四川民族出版社，1999

50 四川植物志编辑委员会．四川植物志（第十五卷）成都：四川民族出版社，1999

51 四川植物志编辑委员会．四川植物志（第十四卷）成都：四川民族出版社，1999

52 王传华，黄宏文，许天全等．荷叶铁线蕨等位酶分析初步研究．武汉植物学研究，2000，18（4）：347～350

53 王发祥，梁惠波．中国苏铁．广州：广东科技出版社，1996

54 王诗云，赵子恩，彭辅松等．华中珍稀濒危植物及其保存．北京：科学出版社，1995

55 王文采．武陵山地区维管植物检索表．北京：科学出版社，1995

56 王永，吴金清，黄汉东等．鄂西发现银鹊林．武汉植物学研究，1991，9（1）：97～98

57 王勇，李振宇，吴金清等．中国车前属(车前科)一新组合——丰都车前．植物分类学报，2004，42（6）：557～560

58 王勇，厉恩华，吴金清．三峡库区消涨带维管植物区系的初步研究．武汉植物学研究，2002，20（4）：265～274

59 吴金清，江明喜，黄汉东．三峡湖北库区植物资源特点及其开发．中国中部资源环境与可持续发展对策．武汉：中国地质大学出版社，1999，103～110

60 吴金清，沈泽昊，江明喜等．三峡库区珍稀特有种子植物特点及其保护．当代资源环境与经济增长（论文集）．武汉：华中理工大学出版社，1995

61 吴金清，赵子恩，金义兴等．三峡库区特有植物疏花水柏枝的调查研究．武汉植物学研究，1998，16（2）：111～116

62 吴金清，赵子恩，金义兴等．三峡库区湖北段川明参的生境特征及保护对策．长江流域资源与环境，1998，7（1）：37～41

63 吴金清，赵子恩等．长江三峡库区诸葛菜属（十字花科）一新种．武汉植物学研究，2003，21（6）：487～488

64 吴金清，郑重，金义兴．宜昌大老岭种子植物区系研究．武汉植物学研究，1996，14（4）：309～317

65 吴先金，刘晓洪．鄂西南药用森林植物志．武汉：湖北科学技术出版社，2005

66 项俊，葛继稳，吴金清．湖北三峡库区药用种子植物区系的研究．黄冈师范学院学报，1999，19（3）：29～32

67 肖文发，李建文，于长春等．长江三峡库区陆生动植物生态．重庆：西南师范大学出版社，2000

68 徐惠珠，金义兴，江明喜等．三峡库区珍稀特有植物荷叶铁线蕨的孢子繁殖．长江流域资源与环境，1998，7（3）：237～240

69 徐惠珠，金义兴，赵子恩等．三峡库区特有植物疏花水柏枝繁殖的研究．长江资源与环境，1999，8（2）：158～161

70 许天全，吴金清，叶其刚等．三峡库区地方特有维管植物研究．武汉植物学研究，2000，18（3）：253～256

71 许再富．稀有濒危植物迁地保护的原理与方法．昆明：云南科技出版社，1998

72 应俊生，张玉龙．中国种子植物特有属．北京：科学出版社，1994

73 于永福．中国野生植物保护工作的里程碑．植物杂志，1999．3～11

74 袁小凤，何平，马小辉等．三峡库区珍稀濒危植物的现状与保护对策．西南师范大

学学院（自然科学报），1999，24（4）：459～467
75 詹亚华．中国神农架中药资源．武汉：湖北科学技术出版社，1994
76 赵子恩，吴金清，王勇．长江三峡库区新植物．武汉植物学研究，2002，20（4）：263～264
77 赵子恩，吴金清，李道新等．鄂西新植物．武汉植物学研究，2000，18（4）：283～285
78 郑万均．中国树木志（第一卷）北京：中国林业出版社，1983
79 郑万均．中国树木志（第二卷）北京：中国林业出版社，1985
80 郑重．湖北的珍贵稀有植物．武汉植物学研究，1986，4（3）：279～296
81 中国科学院三峡工程生态与环境科研项目领导小组．长江三峡工程对生态与环境影响及其对策研究论文集．北京：科学出版社，1987
82 中国科学院三峡工程生态与环境科研项目领导小组．长江三峡工程生态与环境的影响及对策研究．北京：科学出版社，1988
83 中国科学院植物研究所．中国高等植物图鉴（第一册）北京：科学出版社，2001
84 中国科学院植物研究所．中国高等植物图鉴（第二册）北京：科学出版社，2002
85 中国科学院植物研究所．中国高等植物图鉴（第三册）北京：科学出版社，2002
86 中国科学院植物研究所．中国高等植物图鉴（第四册）北京：科学出版社，2002
87 中国科学院植物研究所．中国高等植物图鉴（第五册）北京：科学出版社，2002
88 中国科学院植物研究所．中国高等植物图鉴（第一册补编）．北京：科学出版社，2001
89 中国科学院植物研究所．中国高等植物图鉴．（第二册补编）．北京：科学出版社，2002
90 中国科学院中国植物志编辑委员会．中国植物志（第二卷至第八十卷）．北京：科学出版社，1959～2002

后记

三峡库区跨越渝东平行岭谷及鄂西山地，属中亚热带湿润性季风气候区，是中国植物区系分布的重要区域。南北两岸群山森林广布，三大峡谷地段草木丛生。彩色纷呈的植被景观与奇特壮丽的三峡风貌融为一体，构成了举世驰名的长江三峡美丽的自然风光。

中国科学院武汉植物研究所三峡课题组的科技人员自1984年以来，长期在三峡库区工作，对库区的自然环境和植被资源进行了比较深入的调查研究，获得了大量的第一手资料，拍摄了数千张珍稀濒危保护植物照片。在库区的植被与环境、植物多样性与植物资源、三峡工程对库区珍稀濒危保护植物的影响与对策研究、特有植物与消涨带植被研究、珍稀濒危保护植物迁地保护研究等方面，先后发表了约20篇学术论文。为了进一步加大保护库区生物多样性和珍稀濒危保护植物的力度，拓宽宣传保护库区生物多样性和珍稀濒危保护植物的空间，专门编辑了这本《三峡库区珍稀濒危保护植物彩色图谱》。

天然原生的珍贵植物和天然原生并具有重要经济、科学研究、文化价值的稀有濒危植物是国家重要的自然资源和人类宝贵的物质财富。妥善保护好国家珍稀濒危物种，对于保护生物多样性，维护自然生态平衡，促进经济和社会发展，都具有重要的意义。据调查和不完全统计，库区拥有蕨类植物618种，种子植物3964种，其中重要资源植物有2000余种，属于国家级珍稀濒危保护植物约有288种。如荷叶铁线蕨、疏花水柏枝等都是三峡库区地方特有的著名珍稀濒危保护植物。

《三峡库区珍稀濒危保护植物彩色图谱》一书，对三峡库区珍稀濒危保护植物的分布与生态特点等方面进行了详细的论述和分类介绍，并针对200种珍稀濒危保护植物在库区生长的具体状况，结合受三峡工程的影响程度，提出了有效的保护措施或建议，内容丰富，资料翔实，文字通俗易懂，图片精美清晰，具有较好的学术和应用价值，堪称三峡库区珍稀濒危保护植物的资源档案。可以预言，这本图谱对开展库区生物多样性和珍贵、稀有、濒危物种的保护和研究，以及实施资源可持续利用，推进自然保护事业的发展等，必将起到良好的作用。

郑重

2007年10月8日

注：郑 重

中国科学院武汉植物园植物学研究员

原中国科学院武汉植物研究所所长

湖北省省级林业自然保护区评审委员会委员

世界自然保护联盟物种生存委员会（IUCN / SSC）

中国植物专家组成员

峡